宁波市工程建设地方细则

宁波市建筑屋顶光伏系统建设技术细则　2019 甬　DX-10

Construction Technology Detailed Rules of Building Proof Photo Voltaic System in Ningbo

主编单位　宁波市电力设计院有限公司
宁波市天一建筑设计有限公司
宁波工程学院
参编单位　国网浙江省电力有限公司宁波供电公司
宁波市建筑设计研究院有限公司
宁波华聪建筑节能科技有限公司
宁波市勘察设计协会太阳能光伏发电专业委员会
参加单位　中机国能浙江工程有限公司
宁波光年太阳能科技开发有限公司
批准部门　宁波市住房和城乡建设局
实施日期　2020 年 1 月 1 日

宁波市住房和城乡建设局文件

甬建发〔2019〕118号

宁波市住房和城乡建设局关于发布《宁波市建筑屋顶光伏系统建设技术细则》的通知

各区县（市）住房城乡建设行政主管部门，各建设开发、勘察设计、审图、施工、监理、质监等单位，各有关单位：

为贯彻《浙江省绿色建筑条例》，推进可再生能源建筑一体化应用发展，落实《关于印发宁波市家庭屋顶光伏工程建设实施方案的通知》（甬政办发〔2017〕107号）有关要求，我局组织编写的《宁波市建筑屋顶光伏系统建设技术细则》（编号为2019甬DX-10），已通过专家评审，现予以发布，自2020年1月1日起施行。

本细则由宁波市住房和城乡建设局负责管理，主编单位负责具体技术内容解释。

附件：《宁波市建筑屋顶光伏系统建设技术细则》

宁波市住房和城乡建设局

2019年11月7日

前　言

为了落实《关于促进光伏产业健康持续发展的实施意见》（甬政办发〔2014〕29 号）文件精神，深入贯彻《中华人民共和国节约能源法》《民用建筑节能条例》《浙江省绿色建筑条例》等法律、法规、规章和政策规定，本细则编制组充分总结宁波地区建筑屋顶光伏发电方面的研究成果与实践经验，在《建筑太阳能光伏系统应用技术规程》DB 33/1106 基础上，参考现行国家标准《民用建筑太阳能光伏系统应用设计规范》JGJ 203 和其他省市相关标准，制定本细则。

本细则共分 10 章，主要内容包括：总则、术语、光伏系统分类、基本规定、光伏系统设计、其他相关专业规定、并网系统设计、光伏系统安装、工程验收、系统管理与维护等。

本细则由宁波市住房和城乡建设局负责管理，由主编单位负责具体技术内容的解释。在执行过程中如有需要修订或补充之处，请将意见和建议寄送至宁波市电力设计院有限公司（地址：浙江省宁波市江北区清湖路北岸财富中心 11 幢 4-1，邮政编码：315000），以便修订时参考。

本细则主编单位、参编单位、参加单位及主要起草人、主要审查人：

主 编 单 位　宁波市电力设计院有限公司
宁波市天一建筑设计有限公司
宁波工程学院

参 编 单 位　国网浙江省电力有限公司宁波供电公司
宁波市建筑设计研究院有限公司
宁波华聪建筑节能科技有限公司
宁波市勘察设计协会太阳能光伏发电专业委员会

参 加 单 位　中机国能浙江工程有限公司
宁波光年太阳能科技开发有限公司

主要起草人　马益平　仇　钧　武校刚　严浩军　康家乐　江　涵　陈玄俊　张　骏　唐永红
贺敏辉　巩学梅　张新跃　曹　云　胡莹坚　龚向阳　罗飞鹏　戴晓红　王长江
刘　羽　许　巍　贺　旭　胡云辉　杜艳霞　孙何杰　薛井平　李秀锋　严　栋
胡明明　吴宏伟

主要审查人　陈建中　顾友文　刘新军　方健美　郭卫东　沈岳明　姜炯挺　余丹萍

目 次

1 总　则

1.0.1 为推动建筑屋顶光伏系统在宁波市的应用，促进光伏系统在建筑屋顶的合理、高效利用，规范屋顶光伏系统的设计、施工、验收和管理维护，保证工程质量，制定本细则。

1.0.2 本细则适用于20kV及以下并网电压等级的屋顶光伏系统。

1.0.3 本细则适用于宁波市既有、新建、改建和扩建的工业与民用建筑的屋顶光伏系统工程的设计、施工、验收和系统运行管理维护。

1.0.4 新建建筑的屋顶光伏系统设计应纳入总体建筑工程设计，统一规划、同步设计、同步施工、同步验收。

1.0.5 既有建筑的屋顶光伏系统应按建筑工程审批程序进行专项工程的设计、施工和验收。

1.0.6 建筑屋顶光伏系统应用除应符合本细则外，尚应符合现行国家、行业和浙江省有关标准及政策规定。

1.0.7 并网光伏系统交付使用前，应由建设单位向能源局、住房和城乡建设局、供电部门登记报备。光伏系统登记报备内容应包括光伏系统所在地、所有权人与联系人、装机容量、光伏组件类型与数量、安装形式及安装面积等。

2 术 语

2.0.1 光伏系统 photo voltaic（PV）system

利用光伏电池的光伏效应，将太阳辐射能直接转换成电能的发电系统。也称太阳能光伏系统。

2.0.2 分布式光伏系统 distributed PV power system

接入 10（20）kV 及以下电压等级、位于用户附近、所发电能以就地消纳为主的光伏系统。

2.0.3 光伏电池 PV cell

将太阳辐射能直接转换成电能的一种器件。

2.0.4 光伏组件 PV module

具有封装及内部联接的、能单独提供直流电输出的、最小不可分割的光伏电池组合装置。

2.0.5 光伏组件串 PV string

由若干个光伏组件串联后形成的具有一定直流电输出的电路单元。

2.0.6 光伏方阵 PV array

由若干个光伏组件或光伏构件在机械和电气上按一定方式组装在一起并且有固定的支撑结构而构成的直流发电单元。也称光伏阵列。

2.0.7 光伏组件夹具 PV module fixture

特指适用于金属屋面的光伏组件与主体结构连接的构件。

2.0.8 光伏构件 PV components

工厂模块化预制的、具备光伏发电功能的建筑材料或建筑构件。

2.0.9 并网光伏系统 grid-connected PV system

与公共电网联结的光伏系统。

2.0.10 离网光伏系统 stand-alone PV system

不与公共电网联结的光伏系统。也称独立光伏系统。

2.0.11 并网点 point of coupling（POC）

对有升压站的光伏系统，指升压站高压侧母线或节点；对于无升压站的光伏系统，指光伏系统的输出汇总点。

2.0.12 逆变器 grid-connected inverter

将来自光伏方阵的直流电流变换为符合电网要求的交流电流的装置。也称为光伏逆变器，包括集中式逆变器和组串式逆变器。

2.0.13 并网柜 box of coupling

并网光伏系统中，用于逆变器与并网点之间电气设备连接的箱（柜）。

2.0.14 光伏组件倾角 PV module tilt angle

光伏组件所在平面与水平面的夹角。

2.0.15 安装容量 capacity of installation

光伏系统中安装的光伏组件的标称功率之和。计量单位是峰瓦（Wp）。

2.0.16 峰瓦（Wp） watts peak

光伏组件或光伏方阵在标准测试条件下，最大功率点的输出功率的单位。

2.0.17 峰值日照时数 peak sunshine hours

一段时间内的辐照度积分总量相当于辐照度为 $1kW/m^2$ 的光源所持续照射的时间，其单位为小时（h）。

2.0.18 孤岛效应 islanding effect

并网光伏系统中，公共电网失压时，光伏系统仍保持对失压电网中的某一部分线路继续供电的状态。

2.0.19 全额上网模式 full amount grid-connected model

光伏系统所发电能全部馈入公共电网的并网模式。

2.0.20 自发自用/余量上网模式 self-power self-consumption/ residual grid-connected model

光伏系统所发电能主要由用户自己使用，多余电量馈入公共电网的并网模式。

2.0.21 国家机关办公建筑 office buildings of state organ

国家机关办公建筑是指各级党的机关、人大机关、行政机关、政协机关、审判机关、检察机关、民主党派机关，以及工会、共青团、妇联等人民团体机关和党政机关派出机构及直属事业单位（学校、医院、科研机构除外）等的办公建筑。

2.0.22 大型公共建筑 large public buildings

大型公共建筑是指除国家机关办公建筑之外的单体建筑面积 1 万 m^2 以上的公共建筑。

3 光伏系统分类

3.0.1 按是否与公共电网的联结分类，可分为下列两种系统：

a. 并网光伏系统；

b. 离网光伏系统。

3.0.2 按是否带有储能装置（蓄电池）分类，可分为下列两种系统：

a. 带有储能装置的光伏系统；

b. 不带储能装置的光伏系统。

3.0.3 按负荷形式分类，可分为下列三种系统：

a. 直流光伏系统；

b. 交流光伏系统；

c. 交直流混合系统。

3.0.4 按是否配备备用电源装置分类，可分为下列两种系统：

a. 单一供电光伏系统；

b. 混合供电光伏系统。

3.0.5 并网光伏系统，按其是否允许通过供电区的变压器向主电网馈电分类，可分为下列两种系统：

a. 逆流光伏系统；

b. 非逆流光伏系统。

3.0.6 并网光伏系统，按其接入网点的位置分类，可分为以下两种系统：

a. 电网侧并网光伏系统（适用于全额上网模式）；

b. 用户侧并网光伏系统（适用于自发自用/余量上网模式）。

4 基本规定

4.0.1 新建国家机关办公建筑、政府投资或以政府投资为主项目建筑和大型公共建筑应设置光伏系统；光伏系统的设计容量应结合《民用建筑可再生能源应用核算标准》DB 33/1105 综合考虑。

4.0.2 新建保障性安居住宅工程和总建筑面积不小于 15 万 m^2 的住宅建筑应设置光伏系统。光伏组件总面积具体配建指标如表 1 所示。

表 1 光伏组件总面积具体配建指标

容积率 r	户均光伏计算因子 E（m^2）
$r<1.0$	3
$1.0\leqslant r<1.5$	2
$1.5\leqslant r<1.8$	1
$1.8\leqslant r<2.2$	0.7
$2.2\leqslant r<2.5$	0.6
$r\geqslant 2.5$	0.4

注 1. 住宅地块配建光伏组件总面积 S（m^2），应满足 $S\geqslant E\times n$，n 为住宅总户数。

2. 如项目内户型建筑面积 90m^2 及以下户型数量占总户数比例不小于 50%，配建光伏组件总面积按上述要求的 80%配建；如项目内户型建筑面积 90m^2 及以下户型数量占总户数比例不小于 30%且不大于 50%，配建光伏组件总面积按上述要求的 90%配建。

3. 当项目为住宅建筑与其他建筑（住宅小区配套设施除外）混合用地时，其他建筑可再生能源应用总量应满足国家、省、市工程建设标准要求；住宅地块配建光伏组件面积的容积率按整个地块容积率取值。住宅建筑与其他建筑（住宅小区配套设施除外）共用地下室时，住宅建筑所占地下室建筑面积应按两者地上建筑面积相应比例进行分摊计算。

4. 住宅光伏组件总面积可统筹布置在住宅建筑屋顶。

4.0.3 工业建筑屋顶宜设置光伏系统。

4.0.4 400kW 及以下项目光伏系统设计单位应具有以下工程设计资质之一：工程设计综合甲级，建筑行业（建筑工程）甲级，电力行业乙级及以上，电力行业（新能源发电）专业乙级及以上，电力行业（变电工程、送电工程）专业丙级及以上。

4.0.5 400kW 以上项目光伏系统设计单位应具有以下工程设计资质之一：工程设计综合甲级，电力行业乙级及以上，电力行业（新能源发电）专业乙级及以上。

4.0.6 建筑屋顶光伏系统施工图设计文件应按专项设计工程报施工图审查机构审查。

5 光伏系统设计

5.1 一 般 规 定

5.1.1 屋顶光伏系统设计应有专项设计。

5.1.2 屋顶光伏系统深化设计应由原设计单位或由不低于原设计单位资质的设计单位进行。

5.1.3 既有建筑屋顶加装光伏系统前，应由原设计单位或由不低于原设计单位资质的设计单位进行建筑、结构及电气复核。

5.1.4 光伏组件的选型和光伏方阵的设计应与建筑结合，在综合考虑发电效率、发电量、电气和结构安全、适用、美观的前提下，应选用适用的光伏构件，并与建筑的模数相协调。

5.1.5 在人员有可能接触或接近光伏系统的位置，应设置防触电警示标识。

5.1.6 并网光伏系统应具有相应的并网保护功能，并应安装必要的计量装置。

5.2 系 统 配 置

5.2.1 光伏系统类型的选择应综合考虑建筑屋顶的光照条件、使用功能、电网条件、负荷性质和系统运行方式等因素。

5.2.2 光伏系统一般由光伏方阵、光伏汇流设备（包括光伏汇流箱、直流配电柜和直流电缆等）、逆变器、交流配电设备、升压变压器、储能及控制装置（适用于带有储能装置的系统）、布线系统及监测系统等设备组成。

5.2.3 光伏系统的户外电缆应具有防水、防紫外线性能；光伏系统室内电缆不低于本建筑物室内电缆选型要求。

5.2.4 屋顶电缆敷设宜采用电缆桥架或穿金属管保护，交流电缆和直流电缆控应分开布置敷设。

5.2.5 直流侧电气设备的选择应符合下列规定：

a．线缆耐压等级应达到光伏方阵最大输出电压的 1.25 倍及以上；

b．线缆额定载流量应高于短路保护电器整定值，线路损耗宜控制在 2%以内；

c．短路保护电器分断能力应达到光伏方阵的标称短路电流的 1.25 倍及以上。

5.2.6 设置光伏系统的国家机关办公建筑、政府投资或以政府投资为主项目建筑、大型公共建筑和总建筑面积不小于 15 万 m^2 的住宅建筑应设计监控系统，并应满足下列要求：

a．监控系统应能监测系统发电量、功率、效率等参数，宜能监测每个光伏组件串的电压、电流等参数；

b．监控系统的传感器等设备应具备 RS485 通信接口，应能实现数据的实时远程传输，并满足累计统计数据分析的要求；

c．监控系统传输数据应不少于 10min 一次，并应具有断点续传功能；

d．监控系统布线设计应保证通讯的可靠性。有线式监测系统在线缆敷设时应单独敷设；

e．监控系统设备应有可靠的固定措施，其支架应有可靠的抗台风设计，并具有防腐蚀性能；

f．监控系统还应满足《可再生能源建筑应用示范项目数据监测系统技术导则》（试行）（建科节函〔2009〕146 号）的相关要求。

5.2.7 光伏系统所发电能不应作为消防应急电源。

5.2.8 设置组串式逆变器的光伏系统可不设置直流汇流箱；若设置直流汇流箱，应符合下列规定：

a．直流汇流箱内应设置汇流铜母排；

b．直流汇流箱内每一个光伏方阵应分别由光伏专用线缆引至汇流母排，在母排前分别设置光伏专用直流开关或直流熔断器，并在输出回路设置光伏专用直流主开关；

c．光伏汇流箱内应设置电涌保护装置；

d．光伏汇流箱的设置位置应便于操作和检修，宜选择室内干燥的场所；设置在室外的光伏汇流箱应具有防水、防尘、防腐等措施，其防护等级应为 IP65 及以上。

5.3 光 伏 组 件

5.3.1 光伏组件的类型、规格、数量、安装位置、安装方式和可安装面积应根据建筑屋顶设计确定。

5.3.2 光伏方阵的数量应根据总装机容量及光伏组件串的容量确定。

5.3.3 光伏组件串应根据逆变器的最大功率跟踪控制范围、光伏组件的工作电压及其温度系数等因素确定。

5.3.4 光伏组件串中，并列的两个光伏组件安装间隙宜为 20mm。

5.3.5 光伏支架布置不应跨越建筑变形缝。

5.3.6 光伏方阵中，同一光伏组件串中各光伏组件的电气性能参数应保持一致，并应选用同一规格、同一品牌的产品。

5.3.7 光伏系统各部件之间应可靠连接。

5.3.8 光伏方阵在建筑平屋顶布置时，应符合下列规定：

a．光伏组件应按光伏组件最大效率，方位角选取正南±20°布置，倾角宜选取 22°～24°；

b．光伏方阵应设置维修通道，维修通道宽度为光伏方阵安装完成后突出物之间的最小净宽，宜为 1000mm；

c．光伏组件的最低点距屋顶之间的距离应满足通风散热的间隙要求，绿化屋顶的光伏组件的最低点应高于其附近绿化植被的最大高度；

d．平屋面布置的、南北向相邻的前后两排光伏方阵的通道净间距（即前排光伏方阵的最高点与后排光伏方阵的最低点在同一平面中的投影间距）应按冬至日不遮挡进行设计；

e．平屋面布置的、光伏方阵与南向女儿墙或遮光物之间的最小距离应按冬至日不遮挡进行设计；光伏方阵与东西向女儿墙或遮光物侧面之间的最小距离应按冬至日不遮挡进行设计；

f．光伏方阵的东、西向端头突出物之间的最小净距离应不小于 900mm，作为屋面疏散走道的应不小于 1100mm。

5.3.9 光伏方阵在建筑坡屋顶布置时，应根据建筑物条件及光照条件进行布置。

5.4 逆 变 器

5.4.1 逆变器的配置容量应与光伏方阵的安装容量相匹配。逆变器的数量应根据光伏系统装机容量及单台逆变器额定容量确定。

5.4.2 逆变器允许的最大直流输入功率应不小于其对应的光伏方阵的实际最大直流输出功率，光伏方阵的最大功率工作电压变化范围应在逆变器的最大功率跟踪范围内。

5.4.3 逆变器应按照型式、容量、相数、频率、冷却方式、功率因数、过载能力、温升、效率、输入输出电压、最大功率点跟踪、保护和监测功能、通信接口、防护等级等技术条件进行选择。

5.4.4 逆变器的配置应满足下列要求：

a．应具备自动运行和停止功能、最大功率跟踪控制功能和防孤岛功能；

b．应具有并网保护装置，并与电网的保护相协调；

c．逆流型逆变器应具备电压自动调整功能；

d．无隔离变压器的逆变器的控制线路应具备直流接地检测和直流分量检测功能；

e．应满足环境对逆变器的噪声和电磁兼容要求。

5.4.5 逆变器应满足高效、节能、环保的要求。

5.4.6 逆变器宜设置在通风良好的场所，其位置应便于维护和检修。

5.4.7 户外型逆变器的防护等级应不低于 IP65 要求，户内型逆变器的防护等级应不低于 IP2X 要求。

5.5 防 雷 与 接 地

5.5.1 屋顶光伏系统防雷保护应符合下列规定：

a．建筑屋顶光伏系统应采取防雷措施，并应作为建筑电气防雷设计的一部分，建筑的光伏系统防雷应结合主体建筑实施；

b．光伏系统和并网接口设备的防雷和接地措施，应符合国家标准《建筑物电气装置　第 7-712 部分：特殊装置或场所的要求太阳能光伏（PV）电源供电系统》GB/T 16895.32 的相关规定。

5.5.2 光伏系统接地应符合下列规定：

a．建筑物光伏系统接地应采用联合接地形式，且接地电阻应按各类系统要求的最小值确定；

b．光伏系统直流侧不得采用不接地的等电位保护；

c．光伏系统的交流配电接地型式应与建筑配电系统接地型式相一致；

d．光伏组件和构件的金属外框应可靠接地，屋顶光伏系统金属构件应与建筑物防雷接地系统联结，联结点不得少于两处。

5.5.3 建筑屋顶上设置的光伏系统，金属边框的光伏组件、光伏方阵的直击雷防护应符合下列规定：

a．金属边框满足《建筑物防雷设计规范》GB 50057 对防雷与接地线缆截面要求的，可利用光伏组件的金属边框作为接闪器；可利用建筑物的柱内主筋或钢结构作为自然引下线；可利用建筑物基础内钢筋或柱内主筋作为自然接地体；

b．非金属边框的面板应设置防直击雷装置；

c．屋顶光伏系统的金属构件应与屋顶防雷与接地系统可靠电气联结。

5.5.4 光伏系统应采用防雷电电磁脉冲的措施。

5.6 辅 助 系 统

5.6.1 支架和基座应做防腐、防水设计，且布置整齐、与建筑主体结构连接牢固。

5.6.2 支架放置部位应采取合理的排水措施，确保排水通畅。

5.6.3 对于上人屋面，光伏方阵的上横梁、下横梁的左右端头应装设防紫外线护套，防止损伤到人。

5.6.4 并网光伏系统可根据实际需要配置适当容量的储能装置。

5.6.5 储能装置应采用自动监测装置进行实时在线监测，应具有在线识别电池组落后单体、判断储能电池整体性能、充放电管理等功能，还应具有人机界面和通信接口。

5.6.6 储能装置应配置具有保护功能、数据采集及通信功能的控制器。

5.6.7 储能电池宜根据储能效率、循环寿命、能量密度、功率密度、响应时间、环境适应能力、充放电效率、自放电率、深放电能力等技术条件进行选择。

5.6.8 储能电池应满足下列要求：

a．应适应不同需求组合，以满足工作电压与工作电流的需求；

b．安全性、可靠性；

c．易于安装和维护。

5.6.9 充电控制器应依据型式、额定电压、额定电流、输入功率、温升、防护等级、输入输出回路数、充放电电压、保护功能等技术条件选择，并应选用低能耗节能型产品。

5.6.10 光伏系统设备的接线孔处应采取有效措施防止蛇、鼠等小动物进入设备内部。

5.6.11 家庭屋顶光伏系统的并网柜宜设置在公共部位。

6 其他相关专业规定

6.1 一 般 规 定

6.1.1 采用光伏系统的建筑，应综合考虑项目建设地点的地理、气候条件以及建筑功能、周围环境等因素，合理确定建筑的布局、朝向、间距、群体组合和空间环境。

6.1.2 光伏组件类型、安装位置和安装方式的选择应结合建筑功能、建筑外观以及周围环境条件进行，使之成为建筑的有机组成部分。

6.1.3 安装在建筑屋顶的光伏构件，应具有带电警告标识及相应的电气安全防护措施，并应满足该部位的建筑围护、建筑节能、结构安全和电气安全要求。

6.1.4 在既有建筑上增设或改造光伏系统，必须进行建筑结构安全、建筑电气安全的复核，并满足光伏组件所在建筑部位的防火、防雷、防静电等相关功能要求和建筑节能要求。

6.1.5 建筑设计应为光伏组件安装、使用、维护和保养提供相应的承载条件和空间。

6.2 建 筑

6.2.1 应合理确定光伏系统各组成部分在建筑中的位置，并满足其所在部位的建筑防水、排水和保温隔热等要求，同时便于系统的检修、更新和维护。

6.2.2 建筑屋顶设置的光伏构件不应降低相邻建筑物的日照标准。

6.2.3 光伏组件的安装部位应避免受环境因素或建筑自身的遮挡，光伏组件冬至日全天日照时数不应低于 3h，且宜满足 6h 以上日照时数。

6.2.4 在安装光伏组件的建筑部位应采取安全防护措施。

6.2.5 光伏组件的构造及布置应考虑通风措施。

6.2.6 光伏系统控制机房宜采用自然通风，不具备条件时应采取机械通风措施。

6.2.7 屋顶光伏系统的光伏组件应具有防光污染措施。

6.3 结 构

6.3.1 结构设计应符合国家现行有关标准的规定。

6.3.2 结构设计时应结合光伏系统的荷载及安全要求，计算重力荷载、风荷载、雪荷载、检修荷载和地震作用。

6.3.3 结构设计时应对光伏方阵的支架、基座进行抗滑移和抗倾覆稳定性验算。

6.3.4 新建建筑屋顶安装光伏系统，应考虑其传递的荷载效应。

6.3.5 既有建筑屋顶增设光伏系统，应对既有建筑结构构件的承载力、变形等进行复核验算。

6.3.6 基座及其基础应结合建筑屋顶结构形式、荷载情况及光伏组件的安全支撑进行设计。

6.3.7 光伏方阵的支架，应由埋设在钢筋混凝土基座中的钢制热浸镀锌连接件或不锈钢地脚螺栓来固定；钢筋混凝土基座的主筋宜锚固在主体结构内；当不能与主体结构锚固时，应设置支架基座。支架基座与主体结构之间的连接构造应满足风荷载、雪荷载与地震作用的承载力和稳定性要求。

6.3.8 新建建筑屋顶安装光伏系统时应在主体结构混凝土施工时埋入预埋件，预埋件的位置应准确。连接件与主体结构的锚固承载力设计值应大于连接件本身的承载力设计值。

6.3.9 光伏方阵与主体结构采用后加锚栓连接时，应符合国家现行标准《混凝土结构后锚固技术规程》JGJ 145 及以下规定：

a．锚栓产品应有出厂合格证；

b．碳素钢锚栓应经过防腐处理；

c．应进行锚栓承载力现场试验，必要时应进行极限拉拔试验；

d．每个连接节点不应少于 2 个锚栓；

e．锚栓直径应通过承载力计算确定，并不应小于 10mm；

f．不宜在与化学锚栓接触的连接件上进行焊接操作；

g．锚栓承载力设计值不应大于其选用材料极限承载力的 50%。

6.3.10 蓄电池宜设置于室内，并应满足荷载要求。

6.3.11 逆变器等较重的设备和部件应安装在承载能力大的结构构件上。

6.3.12 支架、支撑金属件和其他的安装材料，应根据光伏系统设定的使用寿命和环境要求选择相应的耐候材料。

6.3.13 支架应采取安全可靠的抗风措施；上横梁与上横梁、下横梁与下横梁之间的连接处，应有可靠的固定措施。

6.4 消 防

6.4.1 光伏系统的设置应符合建设工程防火相关标准的规定。

6.4.2 光伏系统的设置不应影响消防安全疏散要求。

6.4.3 建筑物内光伏系统线缆的消防性能应与建筑主体的消防要求一致。

6.4.4 光伏系统电缆不应直接敷设于屋面，应采用热镀锌金属套管或金属线槽敷设。穿过楼面、墙体的管路应进行防火封堵。

6.4.5 设置集中或控制中心报警系统的建筑，光伏系统的消防联动点设置在并网柜主开关处，防孤岛的市电检测点设置在并网柜主开关的下端头。

6.4.6 光伏系统的设备周围不得堆积易燃易爆物品。

7 并网系统设计

7.1 一 般 规 定

7.1.1 光伏系统接入方案应结合电网规划、分布式电源规划，按照就近分散接入与就地平衡消纳的原则进行设计。

7.1.2 光伏系统宜采用10kV及以下电压等级接入电网。

7.1.3 光伏系统模式可采用自发自用/余量上网和全额上网两种模式。

7.1.4 自发自用/余量上网模式的光伏系统并网容量不应超过所接入变压器容量。

7.1.5 光伏系统接入电压等级应根据装机容量选取，并满足下列要求：

a. 单个并网点容量为8kWp及以下宜接入220V；

b. 单个并网点容量为8kWp～400kWp宜接入380V；

c. 单个并网点容量为400kWp～6MWp宜接入10kV；

d. 自发自用/余量上网模式总装机容量超过1MWp，宜接入10kV；

e. 最终并网电压等级应综合参考有关标准和电网实际条件，通过技术经济比选论证后确定。

7.1.6 光伏系统在变电站低压并网时，单台变压器的并网点不应超过1个，项目规划审批范围内总并网点数量不应超过4个。

7.1.7 光伏系统在并网处应设置并网专用开关柜（箱），并应设置专用标识和“警告”“双电源”等提示性文字和符号。

7.2 10kV 并 网

7.2.1 10kV光伏系统的并网点应按如下进行选择：

a. 自发自用/余量上网模式的并网点可为用户开关站、配电室或箱变的10kV母线，如图1所示；

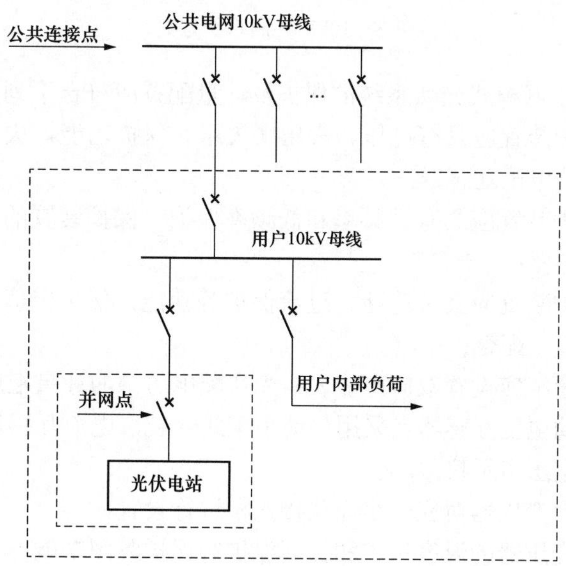

图1 10kV自发自用/余量上网模式一次系统接线

b. 全额上网模式的并网点可为公共电网10kV母线或线路，如图2所示。

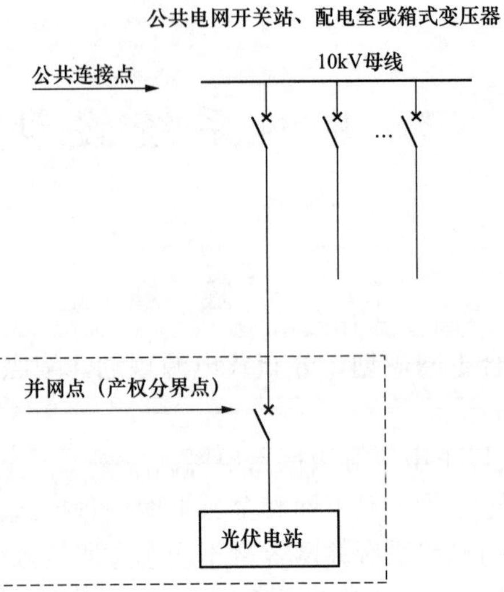

图 2　全额上网模式的并网点

7.2.2　10kV 光伏系统的并网系统一般由光伏进线柜、压变柜、计量柜、并网柜、隔离柜、无功补偿柜及站用电等设备组成，如图 3 所示。

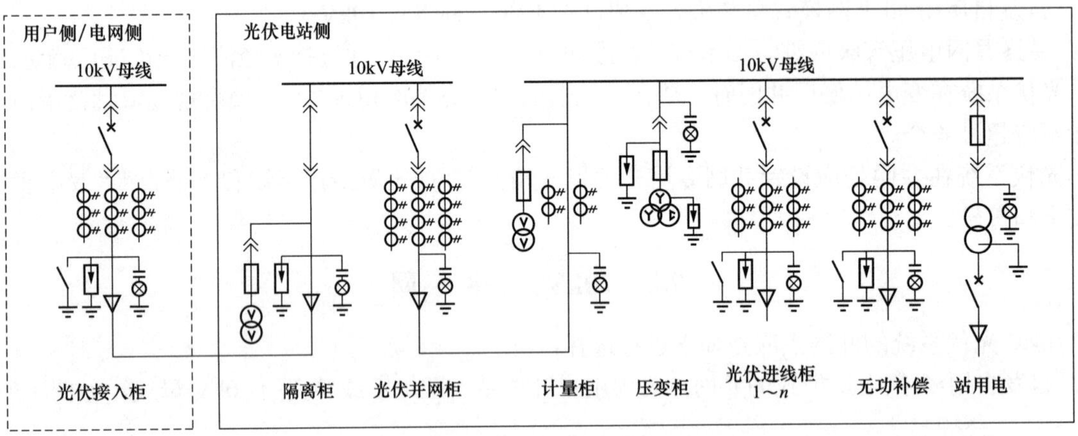

图 3　10kV 并网系统方案

7.2.3　10kV 自发自用/余电上网模式光伏系统的保护及计量配置应符合下列规定：

a．光伏并网柜继电保护装置应具有过压、失压（欠压）保护功能，失压保护的电压信号应采集自光伏配电房隔离柜的电压互感器；

b．光伏并网柜继电保护装置应具有过频率和低频率保护，保护装置的频率信号应采集自光伏配电房隔离柜的电压互感器；

c．光伏并网柜继电保护装置应具有速断、过流保护等功能，保护定值选取应与用户配电房中光伏接入柜继电保护定值相配合；

d．用户配电房中的计量柜应设置双向电能表，光伏配电房中的计量柜应设置单向电能表；

e．光伏配电房计量柜的电压互感器宜采用移动小车式安装，电流互感器宜采用固定式安装；

f．计量柜应设置三相电压指示仪；

g．光伏进线柜宜按一台变压器对应一个光伏接入柜进行设置；

h．光伏进线柜应具有变压器的温度保护和瓦斯保护等保护跳闸功能；

i．光伏进线柜继电保护装置应具有速断、过流保护等功能，保护定值选取应与光伏配电房光伏并网柜继电保护定值相配合；

j．光伏进线柜不应具有检有压合闸功能；

k．变压器室和光伏进线柜不在同一箱变内的，变压器室内应设置变压器出线柜；

l．容量超过 800kVA 的变压器出线柜内应设置断路器。

7.2.4 10kV 全额上网模式光伏系统的保护及计量配置应符合下列规定：

a．电网侧进线电缆为由下进线变为上进线的应设置提升柜，直接下进线的不宜设置提升柜；

b．隔离柜应设置隔离装置和电压互感器；

c．隔离柜的电压互感器应设置三相电压指示仪；

d．光伏并网柜继电保护装置应具有过压和失压（欠压）保护功能，失压保护的电压信号应采集自隔离柜的电压互感器；

e．光伏并网柜继电保护装置应具有过频率和低频率保护，保护功能的频率信号应采集自隔离柜的电压互感器；

f．光伏并网柜继电保护装置应具有速断和过流保护，保护定值设定应与上一级电网继电保护定值相配合；

g．光伏并网柜不应具有检有压合闸功能；

h．计量柜应设置双向电表；

i．计量柜的电压互感器宜采用移动小车式安装，电流互感器宜采用固定式安装；

j．计量柜的电压互感器应设置三相电压指示仪；

k．用电业扩流程应设置双向电表，光伏业扩流程应关联用户的电表和计量用互感器；

l．变压器室和光伏进线柜不在同一箱变内的，变压器室内应设置变压器出线柜；

m．容量超过 800kVA 的变压器出线柜内应设置断路器。

7.2.5 10kV 光伏系统应具备功率控制及电压调节功能，并应符合下列规定：

a．应配置有功功率控制系统与无功电压控制系统，功率因数应在超前 0.95～滞后 0.95 范围内连续可调；

b．应具备高低电压穿越能力，并符合《分布式电源并网技术要求》GB/T 33593 的要求。

7.2.6 10kV 光伏系统应在并网点设置防孤岛检测及安全自动装置，并应具备防孤岛保护功能及频率电压异常紧急控制功能。

7.2.7 10kV 光伏系统应配置计算机监控系统、二次系统安全防护设备、调度数据网络接入设备等，并应符合下列规定：

a．10kV 光伏系统本体远动系统功能宜由本体监控系统集成，本体监控系统应具备信息远传功能；本体不具备条件的，应独立配置远方终端，采集相关信息。

b．监控系统与其他系统存在信息交换的，应按照安全防护要求采取安全防护措施。

c．应在公共连接点及用户变电站（或光伏系统）设置满足《电能质量监测设备通用要求》GB/T 19862 标准要求的 A 类电能质量在线监测装置，监测数据应上传至相关主管机构。

d．应采用专网通信方式，应具备与电网调度机构之间进行数据通信的能力，应能采集电源的电气运行工况，并上传至电网调度机构；同时应具有接受电网调度机构控制调节指令的能力，与电网调度机构之间通信方式和信息传输应满足电力系统二次安全防护要求。

e．向电网调度机构提供的信息应至少包括以下内容：

电气模拟量：并网点的电压、电流、功率因数，分布式光伏发出和输送的有功功率、无功功率等；

状态量：并网点的并网开断设备状态、通信通道状态等；

电能量：发电量、上网电量等。

7.2.8 10kV 光伏系统电能计量点（关口）应设置在光伏系统与电网的产权分界点；产权分界点不适宜安装电能计量装置的，关口计量点应由光伏系统用户与当地电力主管部门协商确定，并应符合下列规定：

a. 关口计量点的电能表准确度等级不应低于有功 0.5S 级、无功 2.0 级；

b. 电压互感器准确度等级应为 0.2 级，电流互感器准确度等级不应低于 0.5S 级；

c. 自发自用/余量上网模式光伏系统，应在并网点设置不少于一块并网电能表（单向），并在关口计量点设置不少于一块计量关口电能表（双向）；全额上网模式光伏系统，应在关口计量点设置不少于一块计量关口电能表（双向）；

d. 光伏系统应配置电能量采集远方终端，远方终端应符合现行行业标准《电能量计量系统设计技术规程》DL/T 5202 的有关规定。

7.3 380/220V 并 网

7.3.1 并网系统的并网点应按如下进行选择：

a. 自发自用/余量上网模式的并网点可为用户 380/220V 配电箱，如图 4 所示；

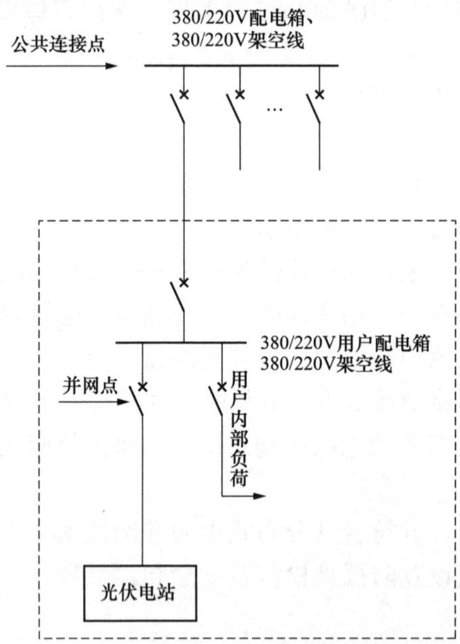

图 4 380V 自发自用/余量上网模式一次系统接线

b. 全额上网模式的并网点可为公共电网 380V 配电室或箱，如图 5 所示。

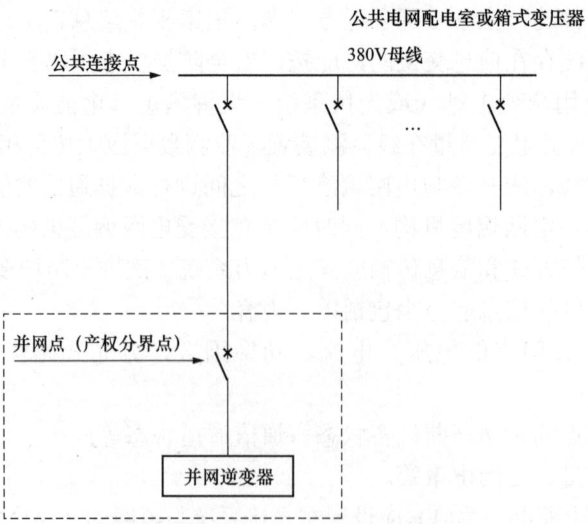

图 5 380V 全额上网模式一次系统接线

7.3.2 光伏系统并网点应设置易操作、具有明显开断指示、具备开断故障电流能力的断路器，并应满足下列要求：

a．断路器应具备短路速断、分励脱扣、失压跳闸等功能，并应符合《低压开关设备和控制设备 第2部分：断路器》GB 14048.2 的相关要求；

b．应采用具备电源、负荷端反接能力的断路器，且电源端应接入电网侧；

c．在满足短路分断能力的情况下，除户用屋顶光伏系统可选用微型断路器外，其他屋顶光伏系统应选用塑壳式或框架断路器。

7.3.3 户用光伏系统应在并网点安装人身安全剩余电流保护装置。

7.3.4 光伏系统逆变器的电压保护、频率保护和防孤岛保护，应符合《光伏发电系统接入配电网技术规定》GB/T 29319 的相关要求。

7.3.5 光伏系统功率因数应在超前 0.95～滞后 0.95 范围内连续可调。

7.3.6 光伏系统接入电网前，应确定发电量计量点。发电量计量点应设置在并网接口处，并应符合下列规定：

a．计量点电能表准确度等级不应低于有功 0.5S 级，无功 2.0 级，电压互感器、电流互感器准确度不应低于 0.5S 级；

b．自发自用/余电上网模式光伏系统时，设置的用户电能表应具备双向有功计量功能；

c．光伏发电系统应配置用电信息采集装置，并具备上传电量信息等功能。

7.3.7 光伏系统并网时，系统在供电负荷与逆变器之间和公共电网与负荷之间应设置 4 极隔离电器。

7.3.8 光伏系统通信应采用符合信息安全防护要求的有线、无线公网通信方式，应由用电信息采集系统采集电压、电流和发电量等信息并上传至相关部门，并应满足《电力监控系统安全防护规定》（国家发展改革委 2014 年第 14 号令）的相关要求。

8 光伏系统安装

8.1 一 般 规 定

8.1.1 光伏系统的安装应按照审查合格的施工图设计文件施工。施工过程中工程变更和设计修改应有原设计单位出具的设计修改文件或经原设计单位签字认可的书面文件。

8.1.2 光伏系统安装施工单位应具备以下资质之一：

a．具有建筑机电安装工程专业承包三级及以上资质、承装（修、试）电力设施许可证五级及以上资质、安全生产许可证；

b．具有电力工程施工总承包三级及以上资质、承装（修、试）电力设施许可证五级及以上资质、安全生产许可证。

8.1.3 光伏系统施工前应具备下列条件：

a．具有合理、完整的经施工图审查合格的施工图设计文件；

b．具有已经批准的施工组织设计、施工方案与安全技术措施；

c．建筑、场地和水、电及其他配合条件能满足正常施工需要；

d．新建建筑屋顶装设光伏系统时，预留的基座、孔洞、管井、预埋件和设施符合设计图纸要求；

e．对于并网光伏系统，并网接入方案已获有关部门批准并备案。

8.1.4 光伏系统产品应符合设计要求，构成系统的部件、配件、管材及附件应有产品质量合格证明、相关认证证书等质量与安全证明文件。

8.1.5 既有建筑屋顶光伏系统的施工安装不得损坏建筑的结构和外部装修，不得损坏建筑防水、保温、消防设备和其他附属设施。

8.1.6 施工安装人员的防触电措施应符合以下要求：

a．应穿绝缘鞋，戴低压绝缘手套，使用绝缘工具；

b．不得在雨、雪、大风天作业，并设置可靠防护措施；

c．当光伏系统安装位置上空有架空电线时，应采取保护和隔离措施；

d．施工场所应有醒目、清晰、易懂的电气安全标识。

8.1.7 施工人员进行高空作业时，应设置可靠防护措施：佩戴安全防护用品，设置醒目、清晰、易懂的安全标识。在坡度大于10°的坡屋面上安装施工，应设置专用踏脚板等安全措施。

8.1.8 穿过楼面、屋面和外墙的引线应做防水套管和防水密封处理。

8.2 基 座

8.2.1 屋顶支架基座的施工应符合基础设计及相关标准的规定。

8.2.2 预制基座应放置平稳、整齐，固定牢固，且不得破坏屋面的防水层。

8.2.3 钢基座及混凝土基座顶面的预埋件，在支架安装前应涂防腐涂料，并妥善保护。

8.2.4 连接件与基座之间的空隙，应采用细石混凝土填捣密实。

8.2.5 基座完工并做好屋面的防水保温措施后，不得再在屋面等有防水要求的部位凿孔、打洞，不得破坏屋面防水层。

8.2.6 金属基座应按设计要求与建筑防雷接地系统可靠连接。

8.2.7 金属屋面夹具基座应与主体结构连接牢固，且做好防水措施。

8.3 光 伏 支 架

8.3.1 安装光伏组件或方阵的支架应按设计要求制作。钢结构支架的安装和焊接应符合《钢结构工程施工质量验收规范》GB 50205 的要求。

8.3.2 钢结构支架焊接完毕，应进行防腐处理。防腐施工应符合《建筑防腐蚀工程施工规范》GB 50212 和《建筑防腐蚀工程施工质量验收规范》GB 50224 的要求。

8.3.3 光伏支架应按设计要求做防腐处理，且安装牢固、整齐。

8.3.4 支架应按设计位置要求准确安装在基座上，并与基座可靠固定。且固定支架前应根据现场安装条件采取合理的抗风措施。

8.3.5 金属支架应按设计要求与建筑防雷接地系统可靠连接。

8.4 光 伏 组 件

8.4.1 应在支架安装验收合格后进行。

8.4.2 光伏组件安装应满足下列要求：

a．应按照设计文件的型号、规格进行安装；

b．安装前，所有连接螺栓应加防松垫片并拧紧；

c．固定螺栓的力矩应符合产品或设计文件的规定；

d．安装的方位和倾角应符合设计要求，其偏差不应大于±0.5°；

e．系统安装完毕后，应对安装过程中受到损坏的漆膜进行补涂。

8.4.3 光伏组件之间的接线应符合下列要求：

a．连接数量和线路敷设应符合设计要求；

b．组件间接插件应连接良好，可靠固定；

c．外接电缆同接插件连接处应搪锡；

d．光伏组件及组件串的直流电缆应进行绝缘测试；

e．进行组串连接后应对光伏组件串的开路电压和短路电流进行测试；

f．同一光伏组件或光伏组件串的正负极严禁短接。

8.4.4 光伏组件安装时应满足以下安全措施：

a． 系统各部件在存放、搬运、吊装等过程中不得碰撞受损；光伏组件吊装时，其底部要衬垫木，背面不得受到任何碰撞和重压；

b． 光伏组件在安装时，表面应铺有效遮光物，防止电击危险；

c． 光伏组件的输出电缆应采取可靠的保护措施，且不得非正常短路；

d． 连接无断弧功能的开关时，不得在有负荷或能够形成低阻回路的情况下进行接通或断开正、负极操作；

e． 连接完成或部分完成的光伏系统，遇有光伏组件破裂的情况应及时设置限制接近的措施，并由专业人员处置；

f． 接通光伏组件电路后，不得局部遮挡光伏组件，避免产生热斑效应。

8.4.5 光伏组件上应标有带电警告标识。

8.4.6 光伏组件或方阵应按设计要求排列整齐并可靠固定在支架或连接件上。光伏组件之间的连接件应便于拆卸和更换。

8.4.7 光伏组件或方阵与建筑面层之间应留有安装空间和散热间隙，该间隙不得被施工材料或杂物填塞。

8.5 逆 变 器

8.5.1 逆变器的安装应符合施工图设计文件及产品安装说明书要求。

8.5.2 集中式逆变器直流侧电缆接线前应确认直流汇流箱侧有明显断开点。

8.5.3 组串式逆变器应自带输入、输出开关和电涌保护器。

8.5.4 逆变器和控制器四周不得堆放杂物，并应保证设备的良好通风。

8.6 其他辅助系统设备

8.6.1 光伏系统直流侧施工时，应标识正、负极性，并宜分别布线。

8.6.2 汇流箱安装应符合下列要求：

a．安装位置应符合设计要求；支架和固定螺栓应为防锈件；

b．汇流箱安装的垂直偏差应小于 1.5mm。

8.6.3 直流汇流箱内光伏组件串的电缆接线前，应确认光伏组件侧和集中逆变器侧均有明显断开点。

8.6.4 蓄电池上方及四周不得堆放杂物，并应保证蓄电池正常通风，防止蓄电池两极短路。

8.6.5 并网柜、汇流箱、逆变器等电气设备的外露可导电部分的接地应满足设计要求。

9 工 程 验 收

9.1 一 般 规 定

9.1.1 光伏系统工程验收应按国家、行业及地方标准、规范进行验收。

9.1.2 所有验收应做好记录，签署文件，立卷归档。

9.1.3 对影响工程安全和系统性能的工序，必须在本工序验收合格后才能进行下一道工序的施工。

a．对于新建建筑屋面，在光伏系统工程施工前应进行屋面防水工程的验收；

b．对于既有建筑屋面，在光伏系统工程施工前应进行屋面建筑结构和建筑电气安全复核检查；

c．在光伏组件或方阵支架就位前，进行基座、支架和框架的验收；

d．在建筑管道井封口前，进行相关预留管线的验收；

e．在隐蔽工程隐蔽前，进行施工质量验收。

9.1.4 在光伏系统并网投产前，应由具有相应资质的评估机构对380V及以上电压等级接入的系统进行电能质量检测，并提供电能质量评估报告。

9.2 验 收 程 序

9.2.1 光伏系统工程交付用户前，应由建设单位组织成立验收小组进行竣工验收。竣工验收分为两个阶段，第一阶段为土建和安装验收，第二阶段为并网验收。

9.2.2 新建建筑屋顶光伏系统，在建筑工程验收时应对光伏系统进行由建设单位、设计单位、施工单位、监理单位和供电部门等各单位参与的专项验收。

9.2.3 既有建筑屋顶光伏系统，在光伏系统工程竣工后应对光伏系统进行由建设单位、设计单位、施工单位、监理单位和供电部门等单位参与的联合竣工验收。

9.2.4 验收前施工单位应组织整理光伏系统工程竣工验收资料，设置监理的，应通过监理单位复核。

9.2.5 验收应提交下列竣工验收资料：

a．经批准的设计文件、竣工图纸及相应的工程变更文件；

b．工程竣工报告；

c．主要材料、设备、成品、半成品、仪表的出厂合格证明或检验资料；

d．屋面防水检漏或防水、排水措施记录；

e．隐蔽工程验收记录、检验批质量验收记录和分项工程质量验收记录；

f．系统调试和试运行记录；

g．并网申请及验收记录。

9.3 土建和安装验收

9.3.1 应对提交的验收资料进行全部检查。

9.3.2 应对光伏系统验收内容进行全部检查。

9.3.3 应对隐蔽工程进行验收。

9.3.4 光伏组件验收应包括以下内容：

a．光伏组件的类型、规格；

b．光伏组件的朝向、安装倾角及间距。

9.3.5 光伏组件基座验收应包括以下内容：

a．基座方位；

b．混凝土基座和地脚螺栓规格；

c．预埋件或后置螺栓（锚栓）的连接件；

d．基座、支架、光伏组件四周与主体结构的连接节点；

e．基座、支架、光伏组件四周与主体围护结构之间的建筑构造做法；

f．光伏组件夹具的连接；

g．架空式方阵平台、设备平台的尺寸和承载构件的规格。

9.3.6 光伏支架验收应包括以下内容：

a．横梁、斜梁、立柱的材质、规格；

b．立柱与横梁、斜梁的连接牢固程度；

c．横梁、斜梁与光伏组件的连接牢固程度；

d．可调式光伏支架的倾角调整范围。

9.3.7 光伏汇流箱验收应包括以下内容：

a．光伏汇流箱的安装牢固程度；

b．光伏汇流箱的内部和外部接线；

c．光伏汇流箱的标识；

d．光伏汇流箱的进出线敷设、绑扎固定状况；

e．光伏汇流箱的内部设备。

9.3.8 光伏方阵验收应包括以下内容：

a．各光伏方阵的布线；

b．光伏组件连接线的规格；

c．光伏组件连接线及光伏阵列输出线缆绑扎固定状况；

d．光伏组件的接插件。

9.3.9 并网柜验收应包括以下内容：

a．安装位置和安装的牢固程度；

b．内部接线和进出线的规格、敷设；

c．内部断路器、隔离开关等开关器件在操作上的安全性；

d．与变压器母线连接处设置的断路器、隔离开关等开关器件的可操作性及安全性；

e．并网柜处的通断电操作流程标识；

f．并网柜处的接地线；

g．并网柜的失压保护、速断保护、过流保护、过压保护等功能。

9.3.10 逆变器验收应包括以下内容：

a．逆变器的型号规格；

b．逆变器的安装及防护等级；

c．逆变器与光伏方阵或光伏汇流箱的接线和线缆规格、敷设、绑扎固定状况；

d．逆变器与交流汇流箱或并网柜间的接线。

9.3.11 光伏监控系统验收应包括以下内容：

a．光伏监控系统的通信监控线路及敷设；

b．光伏电量和气象参数等数据上传本地平台的可靠性及时间的同步性；

c．光伏监控系统平台的数据处理。

9.3.12 光伏系统防雷与接地系统验收应包括以下内容：

a．光伏方阵及支架；

b．屋面管路系统；

c．逆变器和汇流箱；

d．光伏监控系统和继电保护装置。

9.4 并 网 验 收

9.4.1 并网验收前应提交以下资料：

a．分布式电源并网调试和验收申请表；

b．施工单位资质复印件；

c．主要设备的技术参数、型式试验报告或质量合格证；

d．并网前单位工程调试报告（记录）；

e．并网前设备电气试验、继电保护、通信联调、电能量信息采集调试记录；

f．计量互感器校验报告。

9.4.2 10kV 自发自用/余电上网模式的系统柜型布置见图 6，其系统保护及计量配置的验收应包括以下内容：

a．隔离柜内的隔离装置、电压互感器、三相电压指示仪；

b．光伏并网柜的功能配置、设备安装及继电保护装置具备的过频率、低频率、过压、失压（欠压）、速断、过流保护等保护功能；

c．计量柜内电能表、电压互感器、电流互感器、三相电压指示仪等设备的配置；

d．光伏进线柜的功能配置及设备安装，变压器温度保护和瓦斯保护等保护跳闸功能；继电保护装置具备的速断、过流保护等保护功能；

e．变压器室内的变压器出线柜的设置。

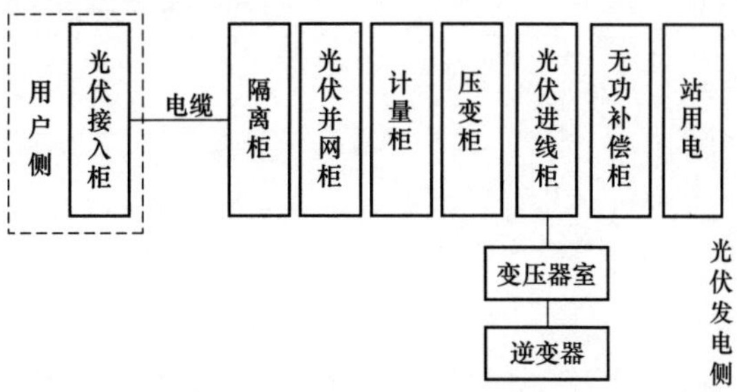

图 6 10kV 自发自用/余电上网模式的系统柜型布置

9.4.3 10kV 全额上网模式的系统柜型布置见图 7，其系统保护及计量配置的验收应包括以下内容：

a．提升柜的设置；

b．隔离柜内的隔离装置、电压互感器、三相电压指示仪；

c．光伏并网柜的功能配置、设备安装及继电保护装置具备的过频率、低频率、过压、失压（欠压）、速断和过流保护等保护功能；

d．计量柜内电能表、电压互感器、电流互感器、三相电压指示仪等设备的配置；

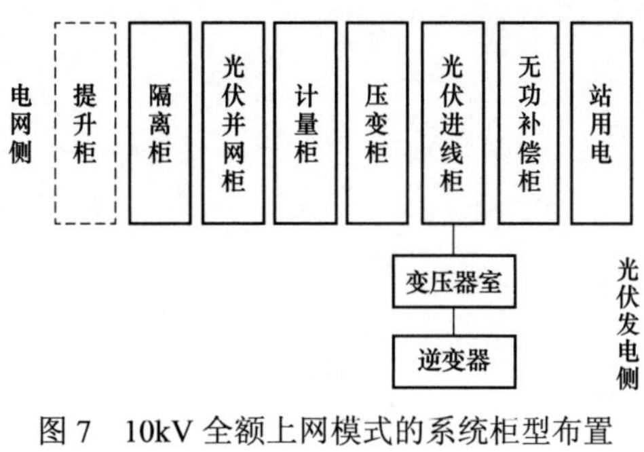

图 7 10kV 全额上网模式的系统柜型布置

e．光伏进线柜的功能配置及设备安装，变压器温度保护和瓦斯保护等保护跳闸功能；继电保护装置具备的速断、过流保护等保护功能；

f．变压器室内变压器出线柜的设置。

9.4.4 380/220V 光伏系统的验收应包括以下内容：

a．并网柜内保护装置、接线、导体截面积及剩余电流保护装置（家用）、过欠压保护器、电涌保护器等并网设备；

b．电能表进线侧和出线侧安装的隔离开关等保护装置；

c．采集器等通信装置；

d．计量装置，包括：自发自用/余电上网模式光伏系统用户的上网关口电能表（双向计量）、发电关口电能表（单向计量）安装位置和接线；全额上网模式光伏系统用户的发电关口电能表安装位置和接线；

e．逆变器的品牌、型号、测试认证报告；及产品说明书所列的电能质量、防孤岛保护等性能；

f．电能表的正常计量，在发电关口电能表上读取光伏发电系统功率因数。

10 系统管理与维护

10.1 一 般 规 定

10.1.1 光伏系统交付使用后，应由用户或其委托的具有相关资质的第三方设专人进行管理，并定期维护。

10.1.2 光伏系统管理和维护应具有完善的光伏系统管理和维护体系，并应设光伏系统管理和维护体系负责人。光伏系统管理和维护体系负责人应定期对系统管理人员和用户进行培训。

10.1.3 系统的运行与维护应保证系统本身安全，以及系统不会对人员造成危害，并使系统维持最大的发电能力。

10.1.4 作业现场和作业人员的基本条件应满足《电力安全工作规程》的规定。

10.2 系 统 管 理

10.2.1 光伏系统管理体系负责人应制定系统安全操作管理手册等系统管理体系文件。

10.2.2 光伏系统通断电操作时，应对并网柜内及与并网柜电气相通的开关电器等系统电气设备按照安全操作顺序进行操作，与安全操作相关的电气设备处应有相应的安全操作顺序提示牌。

10.2.3 家庭屋顶光伏系统应制订安全操作卡，并在并网柜等与安全操作相关的电气设备处配挂安全操作卡，维护管理人员应按照安全操作卡的操作要求对系统进行通断电操作，家庭屋顶光伏系统不允许对系统进行通断电操作。

10.2.4 系统管理基本工作内容应包括系统监控、设备维护、设备操作、事故处理、设备台账管理、运行记录、应急处理等。

10.3 系 统 维 护

10.3.1 系统定期维护应按每年不少于 2 次进行全面维护，特殊气候条件（如台风、冰雹、高温等）前后应适当增加检查维护次数。

10.3.2 应对系统的光伏阵列、汇流箱、逆变器、监控、防雷接地等设备进行定期检查与维护，检查与维护内容应包括相应设备及其接线、保护与支撑等，做好防腐、防潮、防变形和防断裂等日常维护工作，应对其污损、锈蚀、脱接及松动等异常现象及时处理。

10.3.3 光伏系统的防雷与接地维护应包括下列内容：

a. 光伏组件、支架、金属管路及相关设备应与建筑物的防雷体系可靠连接；

b. 防雷接地应进行定期测试；

c. 光伏系统的电涌保护器应进行定期检测。

10.3.4 光伏系统检查维护应按附录 G 形成连续书面记录。

10.3.5 使用过程中损毁、正常老化的光伏组件宜由原生产厂家或特定的回收机构回收。

10.4 事 故 处 理

10.4.1 光伏运行维护单位应明确事故处理的责任人、工作职责及处理流程。

10.4.2 光伏运行维护单位应具有完善的事故处理管理体系，并制订相应的事故应急处理方案。

10.4.3 应具有对电缆、汇流箱、逆变器、变压器、配电设备、SVG 装置、继电保护和自动装置、交直流电源系统、储能装置、监控通信等光伏系统的相关设施和设备的事故处理方案。

附录A 屋顶光伏方阵中光伏组件串的串联数计算

光伏组件串的串联数应按下列公式计算：

$$N \leqslant \frac{V_{dcmax}}{V_{OC} \times [1+(t-25) \times K_{V}]} \tag{A-1}$$

$$\frac{V_{MPPTmin}}{V_{pm} \times [1+(t'-25) \times K'_{V}]} \leqslant N \leqslant \frac{V_{MPPTmax}}{V_{pm} \times [1+(t'-25) \times K'_{V}]} \tag{A-2}$$

式中

K_V ——光伏组件的开路电压温度系数；

K'_V ——光伏组件的工作电压温度系数，如产品无数据，可用 K_V 代替；

N ——光伏组件的串联数（N 取整）；

t ——光伏组件工作条件下的极限低温（根据宁波市气象资料，该值可取为－8.8℃），℃；

t' ——光伏组件工作条件下的极限高温（根据宁波市气象资料，该值可取为 54℃），℃；

V_{dcmax} ——逆变器允许的最大直流输入电压，V；

$V_{MPPTmax}$ ——逆变器 MPPT 电压最大值，V；

$V_{MPPTmin}$ ——逆变器 MPPT 电压最小值，V；

V_{OC} ——光伏组件的开路电压，V；

V_{pm} ——光伏组件的工作电压，V。

附录B 储能电池的选择

储能电池的容量可用kW·h或A·h表示，可分别由下列公式确定：

1. 以kW·h表示

$$C_C=\frac{D\times F\times P_0}{L\times U\times K_a} \tag{B-1}$$

式中

C_C——储能电池的总容量，kW·h；

D——最长无日照期间用电时数，h；

F——储能电池放电效率的修正系数，通常为1.05；

P_0——由光伏系统提供电能的负载的平均功率，kW；

L——储能电池的维护系数，通常为0.8；

U——储能电池的放电深度，通常为0.5～0.8；

K_a——包括储能装置的放电效率、控制器和逆变器的效率及交流回路的损耗率，通常为0.7～0.8。

2. 以A·h表示

$$C_a=1000\times\frac{C_b}{V} \tag{B-2}$$

式中

C_a——以A·h表示的蓄电池容量；

C_b——以kW·h表示的蓄电池容量，kW·h；

V——光伏发电系统的电压等级，为220V或380V。

由于储能电池的额定容量是在工作温度25℃时标定的，储能电池工作环境温度比较低时，容量变小，此时其额定容量应除以表B-1的修正系数。

表B-1 储能电池的额定容量温度修正系数

环境温度（℃）	40	25	10	0	−10	−20
修正系数	1	1	1.02	1.05	1.09	1.2

附录C 屋顶光伏电站的装机容量与发电量计算

1．屋顶光伏电站的总装机容量可按下列公式计算

$$P_{AZ}=N_S \cdot N_P \cdot P_m \quad (C\text{-}1)$$

式中

P_{AZ}——光伏电站的总装机容量，kWp；

N_S ——光伏电站的光伏组件的串联数（取整）；

N_P ——光伏电站的光伏组件的并联数（取整）；

P_m ——光伏组件的峰值功率，kWp。

2．屋顶光伏电站的发电量可按下列公式估算

$$E_P=\frac{H_A \cdot P_{AZ} \times K}{E_s} \quad (C\text{-}2)$$

式中

E_P ——光伏电站的发电量，kW·h；

H_A ——水平面太阳总辐照量，kW·h/m^2；计算月发电量时应为各月的日均水平面太阳总辐照量和每月天数的乘积；

P_{AZ}——光伏组件安装容量，kWp；

E_s ——标准条件下的辐照度（常数＝1kW/m^2）；

K ——光伏系统的综合效率系数（一般可取0.75～0.85）。

附录D　光伏方阵计算公式

1．平屋面布置的、南北向相邻的前后两排光伏方阵的距离

即前后两排光伏阵列的最低点在同一平面中的投影间距，应按下列公式计算

$$D_0 = L\cos\beta + L\sin\beta \times \frac{0.707\tan\varphi + 0.4338}{0.707 - 0.4338\tan\varphi} \quad \text{(D-1)}$$

式中

D_0——前后两排光伏方阵之间的距离，mm；

L——光伏组件的长度，mm；

β——光伏组件的倾角，(°)；

φ——项目所在地纬度，宁波市纬度范围为28°51′～30°33′，按项目实际建设地点选取。

2．平屋面布置的、南北向相邻的前后两排光伏方阵的通道净间距

即前排光伏方阵的最高点与后排光伏方阵的最低点在同一平面中的投影间距，应按下列公式计算

$$d = D_0 - L\cos\theta \quad \text{(D-2)}$$

式中

d——前后两排光伏方阵的通道净间距，mm，应≥1300mm；

D_0——前后两排光伏方阵之间的距离，mm；

L——光伏组件的长度，mm；

θ——光伏组件的倾角，(°)。

3．光伏方阵距离南向女儿墙或遮光物的间距、距离东西向女儿墙或遮光物的间距应按下列公式计算：

$$D = h \times \cot\alpha_S \times \cos\beta \quad \text{(D-3)}$$

$$a = h \times \cot\alpha_S \times \cos\beta \quad \text{(D-4)}$$

$$b = h \times \cot\alpha_S \times \cos\beta \quad \text{(D-5)}$$

式中

D——光伏方阵与南向女儿墙或遮光物之间的最小距离，mm，宜选≥2000；

a、b——光伏方阵与东西向女儿墙或遮光物侧面之间的最小距离，mm，宜≥2000；

h——南向女儿墙或遮光物最高点与光伏组件最低点间的垂直距离，mm；

α_S——宁波冬至日正12时（真太阳时）的太阳高度角，(°)，范围为36°01′～37°43′；

β——南向女儿墙或遮光物与正东或正西向之间的锐角夹角，(°)。

光伏方阵正南向布置示意如图D-1所示。

光伏方阵非正南向布置示意如图D-2所示。

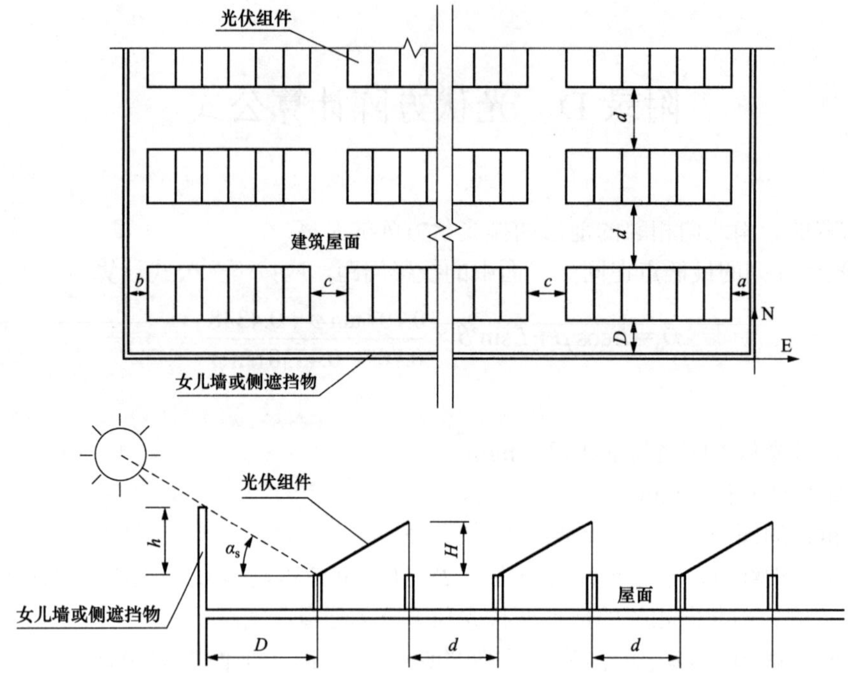

图 D-1　光伏方阵正南向布置示意

H—光伏方阵最高点与最低点间的垂直距离

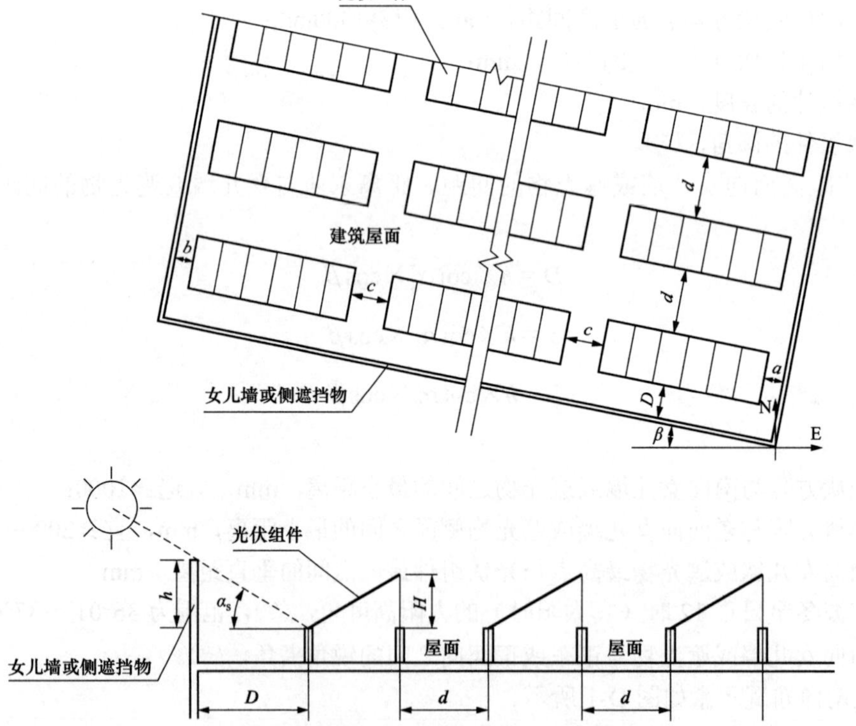

图 D-2　光伏方阵非正南向布置示意

H—光伏方阵最高点与最低点间的垂直距离

附录E 光伏系统常用参数系数

光伏系统常用参数系数见表E-1。

表E-1 光伏系统常用参数系数

序号	内容	系数（值）	备注
1	太阳辐照度	1000W/m^2	标准条件下
2	裕量系数	1.2～2.0	独立光伏系统，考虑连续阴雨天数条件下
3	最长无日照期间用电时数	3～5天（一般负荷） 7～14天（重要负荷）	指当地最大连续阴雨用电时数，可分对供电要求不很严格的用电负荷和重要负荷
4	储能电池放电效率的修正系数	1.05	
5	储能电池的放电深度	0.5～0.8	
6	储能电池效率	0.7～0.8	包括储能电池的放电效率及控制器、逆变器和交流回路的效率
7	光伏组件表面污染及遮挡修正系数	0.9～0.95	该系数的取值与环境的清洁度和光伏组件的清洗方案以及遮挡后的光照利用率有关
8	光伏组串适配系数	0.95～1.0	
9	光伏系统可利用率	0.99	
10	集电线路损耗系数	0.95～1.0	
11	光伏系统综合效率系数	0.75～0.85	

附录F 建筑屋顶光伏系统工程竣工验收报告

建筑屋顶光伏系统工程竣工验收报告

工程名称：

建设单位：

安装单位：

建筑类型：

年 月 日

一、工程名称

二、工程概况

（工程概况应包括：建筑工程概况和光伏系统工程概况。光伏系统工程概况应包括但不限于以下内容：光伏系统所在地；所有权人与联系人；装机容量；光伏组件类型与数量；光伏方阵数量、安装形式；安装面积；并网点及数量；并网电压等级；逆变器规格及数量。）

三、验收结论

________屋顶光伏系统项目竣工验收工作组于________年____月____日对光伏方阵部分及并网部分等系统的全部设施进行了验收检查，竣工验收工作组认为系统满足设计要求，工程质量符合国家相关标准规范的规定，达到了竣工验收标准，工程质量“合格”，已具备并网验收条件。

并提出以下建议：

1.

2.

3.

竣工验收工作组组长：

年　　月　　日

四、验收组名单

验收工作组	姓名	单位	职称	签字
组长				
成员				
成员				
成员				
成员				

附录G 屋顶光伏系统运维记录

屋顶光伏系统运维记录见表G-1。

表G-1 屋顶光伏系统运维记录

<table>
<tr><td colspan="2">项目名称</td><td colspan="4"></td></tr>
<tr><td colspan="2">运维日期</td><td></td><td>责任人</td><td colspan="2"></td></tr>
<tr><td colspan="2">检查项目</td><td colspan="2">检查结果</td><td>处理意见</td><td>备注</td></tr>
<tr><td rowspan="7">光伏组件</td><td>组件表面清洁情况</td><td colspan="2"></td><td></td><td></td></tr>
<tr><td>组件外观、气味</td><td colspan="2"></td><td></td><td></td></tr>
<tr><td>组件带电警告标识</td><td colspan="2"></td><td></td><td></td></tr>
<tr><td>组件固定情况</td><td colspan="2"></td><td></td><td></td></tr>
<tr><td>组件接地情况</td><td colspan="2"></td><td></td><td></td></tr>
<tr><td>组件温度</td><td colspan="2"></td><td></td><td></td></tr>
<tr><td>组件串电流一致性</td><td colspan="2"></td><td></td><td></td></tr>
<tr><td rowspan="2">光伏支架</td><td>支架连接情况</td><td colspan="2"></td><td></td><td></td></tr>
<tr><td>支架防腐蚀情况</td><td colspan="2"></td><td></td><td></td></tr>
<tr><td rowspan="6">汇流箱</td><td>外观</td><td colspan="2"></td><td></td><td></td></tr>
<tr><td>接线端子</td><td colspan="2"></td><td></td><td></td></tr>
<tr><td>熔断器</td><td colspan="2"></td><td></td><td></td></tr>
<tr><td>绝缘电阻</td><td colspan="2"></td><td></td><td></td></tr>
<tr><td>断路器</td><td colspan="2"></td><td></td><td></td></tr>
<tr><td>防雷器</td><td colspan="2"></td><td></td><td></td></tr>
<tr><td rowspan="6">控制器</td><td>过充电电压</td><td colspan="2"></td><td></td><td></td></tr>
<tr><td>过放电电压</td><td colspan="2"></td><td></td><td></td></tr>
<tr><td>警示标识</td><td colspan="2"></td><td></td><td></td></tr>
<tr><td>接线端子</td><td colspan="2"></td><td></td><td></td></tr>
<tr><td>熔断器</td><td colspan="2"></td><td></td><td></td></tr>
<tr><td>绝缘电阻</td><td colspan="2"></td><td></td><td></td></tr>
<tr><td rowspan="5">逆变器</td><td>外观</td><td colspan="2"></td><td></td><td></td></tr>
<tr><td>警示标识</td><td colspan="2"></td><td></td><td></td></tr>
<tr><td>散热风扇</td><td colspan="2"></td><td></td><td></td></tr>
<tr><td>断路器</td><td colspan="2"></td><td></td><td></td></tr>
<tr><td>母排电容温度</td><td colspan="2"></td><td></td><td></td></tr>
</table>

续表 G-1

<table>
<tr><th colspan="2">检查项目</th><th>检查结果</th><th>处理意见</th><th>备注</th></tr>
<tr><td rowspan="5">防雷与接地系统</td><td>组件接地</td><td></td><td></td><td></td></tr>
<tr><td>支架接地</td><td></td><td></td><td></td></tr>
<tr><td>金属管路接地</td><td></td><td></td><td></td></tr>
<tr><td>设备接地</td><td></td><td></td><td></td></tr>
<tr><td>电涌保护器</td><td></td><td></td><td></td></tr>
<tr><td rowspan="2">配电管路</td><td>电线电缆</td><td></td><td></td><td></td></tr>
<tr><td>保护管路</td><td></td><td></td><td></td></tr>
<tr><td rowspan="5">建筑物与光伏系统结合部分</td><td>光伏倾角、方位角</td><td></td><td></td><td></td></tr>
<tr><td>屋面防水情况</td><td></td><td></td><td></td></tr>
<tr><td>与屋面的固定情况</td><td></td><td></td><td></td></tr>
<tr><td>建筑受力构件</td><td></td><td></td><td></td></tr>
<tr><td>光伏系统周边情况</td><td></td><td></td><td></td></tr>
<tr><td rowspan="6">储能装置</td><td>蓄电池室温度及通风</td><td></td><td></td><td></td></tr>
<tr><td>蓄电池组周围情况</td><td></td><td></td><td></td></tr>
<tr><td>蓄电池表面状况</td><td></td><td></td><td></td></tr>
<tr><td>蓄电池单体连接</td><td></td><td></td><td></td></tr>
<tr><td>蓄电池组电压</td><td></td><td></td><td></td></tr>
<tr><td>单体蓄电池电压</td><td></td><td></td><td></td></tr>
<tr><td rowspan="5">数据传输装置</td><td>外观</td><td></td><td></td><td></td></tr>
<tr><td>终端显示器</td><td></td><td></td><td></td></tr>
<tr><td>传感器灵敏度</td><td></td><td></td><td></td></tr>
<tr><td>A/D 变换器精度</td><td></td><td></td><td></td></tr>
<tr><td>主要部件有效期</td><td></td><td></td><td></td></tr>
<tr><td rowspan="4">并网柜</td><td>一次装置</td><td></td><td></td><td></td></tr>
<tr><td>二次装置</td><td></td><td></td><td></td></tr>
<tr><td>防孤岛装置</td><td></td><td></td><td></td></tr>
<tr><td>防雷装置</td><td></td><td></td><td></td></tr>
<tr><td rowspan="4">高压柜</td><td>一次装置</td><td></td><td></td><td></td></tr>
<tr><td>二次装置</td><td></td><td></td><td></td></tr>
<tr><td>防孤岛装置</td><td></td><td></td><td></td></tr>
<tr><td>防雷装置</td><td></td><td></td><td></td></tr>
<tr><td rowspan="4">变压器</td><td>温度检测装置</td><td></td><td></td><td></td></tr>
<tr><td>瓦斯保护装置</td><td></td><td></td><td></td></tr>
<tr><td>风机</td><td></td><td></td><td></td></tr>
<tr><td>储油装置</td><td></td><td></td><td></td></tr>
</table>

附录H 并网验收现场功能试验要点

1 10kV光伏系统并网现场功能试验要点

1.1 验收前，光伏系统用户需准备继电保护测试仪，方便试验各类保护。

1.2 光伏并网柜的失压保护功能是否正常。试验方法为：在模拟电网侧电压互感器有电的情况下，断开压变二次回路开关，并网柜断路器正常跳闸；保持压变二次回路开关（即电网侧无电压）断开的情况下，无法合闸（即合闸闭锁，点击合闸按钮，断路器合上再断开为不合格）。

1.3 速断保护、过流保护、过压保护、过频保护、欠频保护等相关保护是否动作。

1.4 开关柜五防等相关内容测试。

2 380/220V光伏系统并网现场功能试验要点

防孤岛保护和自复式过欠压保护器试验步骤：断开发电客户电网侧开关，检查自复式过欠压保护器和逆变器是否断开，如正常断开，则自复式过欠压保护器低电压跳闸和逆变器防孤岛保护功能测试正常；合上发电客户电网侧开关，检查自复式过欠压保护器是否自动复位，如正常复位，则自复式过欠压保护器检有压合闸功能测试正常。

用　词　说　明

1　为便于在执行本细则条文时区别对待，对要求程度不同的用词说明如下：

1）表示很严格，非这样做不可的：

正面词采用“必须”；

反面词采用“严禁”。

2）表示严格，在正常情况下均应这样做的：

正面词采用“应”；

反面词采用“不应”或“不得”。

3）表示允许稍有选择，在条件许可时，首先应这样做的：

正面词采用“宜”；

反面词采用“不宜”。

2　条文中指定按其他有关标准、规范、导则执行时，写法为“应符合……的规定（或要求）”或“应按……执行”。

引用标准名录

1.《光伏发电站设计规范》GB 50797
2.《民用建筑太阳能光伏系统应用技术规范》JGJ 203
3.《光伏系统并网技术要求》GB/T 19939
4.《光伏发电站接入电力系统技术规定》GB/T 19964
5.《光伏发电接入配电网设计规范》GB/T 50865
6.《光伏发电站接入电力系统设计规范》GB/T 50866
7.《光伏发电系统接入配电网技术规定》GB/T 29319
8.《光伏发电站施工规范》GB 50794
9.《建筑太阳能光伏系统应用技术规程》DB 33/1106
10.《太阳光伏电源系统安装工程设计规范》CECS 84：96
11.《建筑电气工程施工质量验收规范》GB 50303
12.《建筑物防雷设计规范》GB 50057
13.《屋面工程技术规范》GB 50345
14.《电测量及电能计量装置设计技术规程》DL/T 5137
15.《电能计量装置技术管理规程》DL/T 448
16.《电力工程直流电源系统设计技术规程》DL/T 5044
17.《全国民用建筑工程设计技术措施—节能专篇（电气）》
18.《光伏发电并网逆变器技术规范》NB/T 32004
19.《光伏发电站监控系统技术要求》GB/T 31366
20.《光伏发电站无功补偿技术规范》GB/T 29321
21.《电力系统通信设计技术规定》DL/T 5391
22.《电力系统调度自动化设计技术规程》DL/T 5003
23.《电能量计量系统设计技术规程》DL/T 5202
24.《电能质量 三相电压不平衡》GB/T 15543
25.《光伏发电工程施工组织设计规范》GB/T 50795
26.《光伏建筑一体化系统防雷技术规范》GB/T 36963
27.《电力系统调度自动化设计技术规程》DL/T 5003
28.《20kV 及以下变电所设计规范》GB 50053
29.《火力发电厂、变电站二次接线设计技术规程》DL/T 5136
30.《电能量远方终端》DL/T 743
31.《混凝土结构后锚固技术规程》JGJ 145
32.《电能质量监测设备通用要求》GB/T 19862
33.《电力二次系统安全防护规定》（电监会 5 号令）
34.《分布式电源并网技术要求》GB/T 33593
35.《光伏发电站防孤岛效应检测技术规程》NB/T 32014
36.《建筑工程施工质量验收统一标准》GB 50300
37.《建筑设计防火规范》GB 50016—2014
38.《建筑物电气装置》GB/T 16895.32

39.《低压开关设备和控制设备》GB 14048.2

40.《电力监控系统安全防护规定》（国家发展改革委 2014 年第 14 号令）

41.《钢结构工程施工质量验收规范》GB 50205

42.《建筑防腐蚀工程施工规范》GB 50212

43.《建筑防腐蚀工程施工质量验收规范》GB 50224

44.《可再生能源建筑应用示范项目数据监测系统技术导则》（试行）（建科节函〔2009〕146 号）

宁波市建筑屋顶光伏系统建设技术细则

2019 甬 DX-10

条 文 说 明

目　次

1 总 则

1.0.1 在我国，建筑屋顶应用太阳能光伏发电技术已经成为建筑节能的一种趋势。建筑工程技术人员，需要掌握建筑屋顶光伏发电系统的设计、安装、验收、维护管理等方面的工程技术要求，以促进光伏发电技术在建筑屋顶中的有效应用，达到光伏发电系统与建筑屋顶的良好结合。为了促进建筑屋顶光伏发电技术在宁波市的全面推广，确保工程质量，编制了本细则。

1.0.3 在宁波市，除了在新建、改建和扩建的民用建筑和工业建筑工程中设计安装屋顶光伏系统外，还有既有建筑中安装屋顶光伏系统的项目。编制本细则时对这两个方面的适应性进行了研究，使本细则在这两个方面均可适用。

2 术　　语

2.0.4 光伏组件种类较多，目前较常用的光伏组件有单晶硅光伏组件、多晶硅光伏组件、非晶硅薄膜光伏组件、碲化镉薄膜光伏组件等。

光伏组件的性能指标，除了开路电压和短路电流外，还有以下几个性能指标：

1 额定输出电压

将光伏电池置于1000W/m^2的光源照射下，光伏电池正负极两端开路时所测得的输出电压值。

2 最大输出工作电压（V_{pm}）

光伏电池输出功率最大时的工作电压。

3 最大输出工作电流（I_{pm}）

光伏电池输出最大功率时的工作电流。

4 最大输出功率（P_m）

光伏组件最大输出工作电压（V_{pm}）×最大输出工作电流（I_{pm}）。

2.0.6 光伏方阵通过对组件串和必要的控制元件，进行适当的串联、并联，以电气及机械方式相连形成光伏方阵，能够输出供变换、传输和使用的电压和电功率。光伏方阵不包括基座、太阳跟踪器、温度控制器等类似的部件。如果一个方阵中有不同结构类型的组件，或组件的连接方式不同，一般将结构和连接方式相同的部分方阵称为子方阵。光伏方阵可由几个子方阵串并联组成。

3 光伏系统分类

3.0.2 光伏系统所提供电能受外界环境变化的影响较大，如阴雨天气或夜间都会使系统提供电能大大降低，不能满足用户的电力需求。因此，为了要满足稳定的电能供应就需设置储能装置。

3.0.3 只有直流负荷的光伏系统为直流系统。在直流系统中，由太阳电池产生的电能直接提供给负荷或经充电控制器给蓄电池充电。

交流系统是指负荷均为交流设备的光伏系统，在此系统中，由太阳电池产生的直流电需经逆变器转换再提供给负荷。

负荷中既有交流供电设备又有直流供电设备的光伏系统为交直流混合系统。

3.0.5 为了使用户得到可靠的电能供应，可把光伏系统与当地公共电网并用，当光伏系统输出功率不能满足用户需求时，不足部分由当地公共电网补充。反之，当光伏系统输出电能超出用户本身的电能需求时，超出部分电能则向公共电网逆向流入，这种并网光伏系统称为逆流系统。非逆流并网光伏系统中，用户本身电能需求远大于光伏系统本身所产生的电能，在正常情况下，光伏系统产生的电能不可能向公共电网送入。

逆流或非逆流并网光伏系统均需采取并网保护措施。各种光伏系统在并网前均需与当地供电部门协商取得一致后方能并入。

4 基本规定

4.0.1 为了建筑屋顶光伏系统在宁波市范围内的广泛推广、应用及示范效应，本条规定新建国家机关办公建筑、政府投资或以政府投资为主项目建筑，以及大型公共建筑这三类建筑必须设置屋顶光伏系统。

4.0.2 本条依据《宁波市民用建筑能效提升三年行动计划》（甬建发〔2019〕92号）中“家庭屋顶光伏试点行动”制定。

住宅建筑屋顶布置光伏组件时需考虑屋顶设施与设备，如机房、楼梯间、管道井、风机、水泵等所占用面积及对光伏组件的遮挡影响，因此，相同面积的住宅建筑屋顶因这些因素不同致使屋顶光伏组件实际可布置面积并不相同。此外，相同住宅总户数在不同容积率、不同户型建筑面积的情况下，其住宅屋顶光伏组件实际可布置总面积也有较大的差别。

为了科学、合理地确定居住小区住宅建筑屋顶配建光伏组件总面积，编制组经过调研及实际案例测算，得到了不同容积率下的户均光伏计算因子 E（m^2）。经由户均光伏计算因子计算得出的配建光伏组件总面积，能够确保其在屋顶实际可布置面积范围内，从而确保“家庭屋顶光伏试点行动”的有效实施。

例如，某项目为住宅、商业、办公混合用地，总建筑面积 189000m^2。其中，地上总建筑面积 135000m^2；其中，住宅地块地上建筑面积 108000m^2；商业地块地上建筑面积 13500m^2；办公地块地上建筑面积 13500m^2；地下室（住宅、商业、办公共用）建筑面积 54000m^2，容积率 2.0，总户数 800 户，90m^2 及以下户型数量占总户数比例为 30%。

依据上述条件，计算本项目住宅所占地下室建筑面积为

$$54000\times108000/135000=43200m^2$$

住宅总建筑面积为

$$108000+43200=151200m^2$$

因此，本项目户均光伏计算因子 $E=0.7m^2$（容积率 2.0，总户数 $n=800$）；并根据 90m^2 及以下户型比例，得出 $S\geqslant E\times n\times90\%=504m^2$；本项目至少在住宅屋顶配建 504$m^2$ 光伏组件总面积。

4.0.4、**4.0.5** 本条依据由浙江省发展和改革委员会、浙江省能源局、国家能源局浙江监管办公室下发的《浙江省光伏发电项目管理暂行办法》（浙发改能源〔2014〕450 号）文件，文件中第二十三条明确提出：“光伏发电项目的设计、咨询和安装应符合国家相关法律法规和技术标准的要求。小型家庭用户项目，以及 400kW 及以下的小型光伏发电项目，需有实际项目经验的光伏系统集成企业进行设计、咨询和安装；400kW 以上的光伏发电项目，承担项目设计、咨询、安装和监理的单位，应具有国家规定的相应资质。”

因此，本条规定对于 400kW 及以下项目光伏系统设计单位应具有工程设计综合甲级、建筑行业（建筑工程）甲级、电力行业乙级及以上、电力行业（新能源发电）专业乙级及以上、电力行业（变电工程、送电工程）专业丙级及以上这些工程设计资质中其中一种资质；而对于 400kW 以上项目光伏系统设计单位应具有工程设计综合甲级、电力行业乙级及以上、电力行业（新能源发电）专业乙级及以上这些工程设计资质中其中一种资质。

4.0.6 本条规定对于工业建筑和除农村个体用户自行安装的家用屋顶光伏系统外的民用建筑，其屋顶光伏系统工程应按专项报施工图审查中心进行审查，审查合格方可施工。

本细则的实施时间为 2020 年 1 月 1 日，该节点指的是工程项目勘察设计合同签订时间。

5 光伏系统设计

5.1 一般规定

5.1.1 建筑光伏系统应由专业人员进行设计，并应贯穿于工程建设的全过程。光伏系统应符合国家现行相关的建筑设计规范的要求。光伏组件形式的选择以及安装数量、安装位置的确定需要与建筑师配合进行设计，在设备承载及安装固定等方面需要与结构专业配合，在电气、通风、排水等方面与设备专业配合，使光伏系统与建筑物本身和谐统一，实现光伏系统与建筑屋顶的良好结合。并网光伏系统设计应进行接入电网技术方案的可行性研究，技术方案应获得当地供电部门的认可。

5.1.3 既有建筑屋顶加装光伏系统时，在既有建筑屋顶上加装光伏系统时，其重量会增加建筑荷载，同时，在光伏系统的安装过程中，也会影响建筑结构和功能，因此，必须进行建筑结构安全、建筑电气安全等方面的复核或检测。

5.1.4 综合考虑的因素还应包括便于安装、清洁、维护和局部更换。

5.1.5 综合考虑光伏系统交流侧断开后，直流侧的设备仍有可能带电，因此，光伏系统直流侧应设置必要的触电警示和防止触电的安全措施。本条为《建筑太阳能光伏系统应用技术规程》DB 33/1106 的强制性条文，必须严格执行。

5.1.6 综合考虑对于并网光伏系统，只有具备并网保护功能，才能保障电网和光伏系统的正常运行，确保上述一方如发生异常情况不至于影响另一方的正常运行。同时并网保护也是电力检修人员人身安全的基本要求。另外，安装计量装置还便于用户对光伏系统的运行效果进行统计、评估。同时也考虑到随着国家相关政策的出台，国家对光伏系统用户进行补偿的可能。本条为《建筑太阳能光伏系统应用技术规程》DB 33/1106 的强制性条文，必须严格执行。

5.2 系统配置

5.2.2 光伏系统一般是由光伏方阵、光伏汇流设备（包括光伏汇流箱、直流配电柜和直流电缆等）、逆变器、交流配电设备、升压变压器、储能及控制装置（适用于带有储能装置的系统）、布线系统及监测系统等设备组成的，不同类型的光伏系统的组成可由以上设备的全部或部分组成。

5.2.4 屋顶光伏系统线缆应优先考虑桥架敷设，不易敷设桥架时可穿管敷设，屋顶桥架、套管应具有防水、防腐蚀功能。桥架、套管有需要穿越电气管井等构筑物时，应在穿越处做好防水措施，以免屋面构筑物进水影响使用。

5.2.6 国家机关办公建筑、政府投资或以政府投资为主项目建筑、大型公共建筑和总建筑面积不小于15 万 m^2 的住宅建筑的屋顶光伏系统要求安装监控系统，以为能够把这些类型建筑的光伏监测统一接入到宁波市公共建筑可再生能源监测平台提供便利。

光伏监控系统监控的电量主要有：

a．系统逐时、逐日、逐年的发电量、功率及光电转换效率；

b．逆变器各输入支路的电压与电流，逆变器逐时、逐日、逐年的发电量、功率及效率；

c．每个阵列的电压及电流值等。

光伏监控系统监控的气象参量主要有：

a．屋顶环境温度、湿度、风速、风向、大气压力及雨量等；

b．辐照度及逐时、逐日、逐年的累计辐照度；

c．光伏组件及逆变器温度。

断点续传功能是为了在监控系统电源中断或通讯中断时，还能够在本地继续采集数据并存储，一旦电源或通讯恢复，便可接着继续传输存储的数据。

为了系统运行的稳定性，对于新建建筑屋顶光伏监控系统，其布线应考虑采用有线；对于既有建筑屋顶光伏监控系统，其布线应优先考虑采用有线。而且，光伏系统的电力线缆与光伏监控系统的信号线缆应分开敷设，并采取可靠的屏蔽措施。

5.2.8 本条中直流分开关是指安装在光伏阵列侧，为维护、检查阵列，或分离异常光伏组件而设置的开关，包括隔离电器和短路保护电器；直流主开关是指安装在光伏阵列输出汇总点与后续设备之间的开关，包括隔离电器和短路保护器。

5.3 光 伏 组 件

5.3.5 建筑主体结构在伸缩缝、沉降缝、防震缝的变形缝两侧会发生相对位移，光伏组件跨越变形缝时容易遭到破坏，造成漏电、脱落等危险。所以单个光伏组件不应跨越主体结构的变形缝，或应采用与主体建筑的变形缝相适应的构造措施。

5.3.6 同一光伏组件串中各光伏组件的电流若不保持一致，则电流偏小的组件将影响其他组件，进而使整个光伏组件串电流偏小，影响发电效率。

5.3.8 光伏方阵的东、西向端头突出物之间的最小净距应为不小于900mm，作为屋面疏散走道的不应小于1100mm。本要求是依据《建筑设计防火规范》GB 50016—2014中第5.5.18条的规定：“除本规范另有规定外，公共建筑内疏散门和安全出口的净宽度应不小于 0.9m，疏散走道和疏散楼梯的净宽度不应小于1.1m。”

光伏阵列平面布置参数计算示例如下：

光伏阵列按正南向布置，安装倾角为24°，光伏组件尺寸为1642mm×992mm×40mm。

a．前后相邻两排光伏阵列间距 D

光伏阵列间距 D 应保证在冬至日当天太阳时9:00～15:00不被遮挡。依据《光伏发电站设计规范》GB 50797—2012条文说明公式（7.2.7），

$$D=L\cos\beta+L\sin\beta\frac{0.707\tan\varphi+0.4338}{0.707-0.4338\tan\varphi}$$

式中

D——前后相邻两排阵列之间的距离；

L——阵列倾斜面长度，暂定为1642mm；

β——阵列倾角，本例取值为24°；

φ——当地纬度，本利取值为29.87°。

代入条件后，得 $D=2725.1$mm。

考虑安装误差及屋面坡度，取 D 为2800mm。

b．前后相邻两排光伏阵列的通道净间距 d

光伏组件投影面长度为

$$b=L\times\cos\beta=1642\times\cos24°=1500\ (\text{mm})$$

前后两排光伏阵列的通道净间距为

$$d=D-b=2800-1500=1300\ (\text{mm})$$

取 d 为1300mm。

c．光伏阵列与东、西女儿墙或遮光物侧面之间的最小距离 a、b

光伏组件遮光物最高点与最低点间的垂直距离为

$$H=L\times\sin\beta=1642\times\sin24°=668\ (\text{mm})$$

女儿墙或遮光物上沿高出光伏组件最低点的垂直高度 h 按 1000mm 考虑；光伏组件与女儿墙或遮

光物之间的最小距离为

$$a=h\times\frac{0.707\tan\varphi+0.4338}{0.707-0.4338\tan\varphi}$$

代入条件后，得 $a=1834.3$mm。

考虑安装误差及屋面坡度，取 a 为 2000mm。同理，取 b 为 2000mm。

5.4 逆 变 器

5.4.2 逆变器的配置容量和台数与光伏方阵的布置有关。为保证逆变器 MPPT 功能达到其最佳效果，接入逆变器的光伏方阵或光伏组件串应具有相同的规格和朝向，不同朝向、不同规格的光伏方阵或光伏组件串应接入不同逆变器或逆变器的不同 MPPT 输入回路。

5.4.4 逆变器应具有相应的保护功能。

5.5 防雷与接地

5.5.1、**5.5.2** 屋顶光伏系统及其监控系统的防雷与接地措施还应符合《建筑物防雷设计规范》GB 50057 和《光伏建筑一体化系统防雷技术规范》GB/T 36963 的相关规定。

5.6 辅 助 系 统

5.6.5 并网光伏系统配置储能装置的目的是为了改善光伏发电系统输出特性，包括平滑输出功率曲线、跟踪电网计划出力曲线、电力调峰、应急供电等。

5.6.7 控制器应具有短路保护、过载保护、过充（放）保护、过（欠）压保护、反向放电保护、极性反接保护及防雷保护等功能，必要时可具备温度补偿功能。

5.6.8 储能电池的选择需要根据光伏发电站运行的不同目的，除满足储能电池正常使用的环境温度、相对湿度、海拔高度等环境条件外，还需将储能电池的循环寿命、储能效率、最大储能容量、能量密度、功率密度、响应时间、建设成本运行维护成本、技术成熟度等因素作为衡量各种储能技术的关键指标，在不同的应用场合，关注不同的指标。

6 其他相关专业规定

6.1 一 般 规 定

6.1.1 根据安装光伏系统的区域气候特征及太阳能资源条件，合理进行建筑群体的规划和建筑朝向的选择。

6.1.2 光伏一体化的建筑设计应与光伏发电系统设计同步进行。建筑设计需要根据选定的光伏发电系统类型，确定光伏组件型式、安装面积、尺寸大小、安装位置方式，考虑连接管线走向及辅助能源及辅助设施条件，明确光伏发电系统各部分的相对关系，合理安排光伏发电系统各组成部分在建筑中的位置，并满足所在部位防水、排水等技术要求。安装光伏系统的建筑不应降低建筑本身或相邻建筑的建筑日照标准。应合理规划光伏组件的安装位置。避免建筑周围的环境要索遮挡投射到光伏组件上的阳光。应对光伏构件可能引起的二次辐射光污染对本建筑或周圈环境造成的影响进行预测并采取相应的措施。

6.1.3 安装在建筑屋顶的光伏组件，应满足该部位的承载、保温、确热、防水及防护要求，并应成为建筑的有机组成部分，保持与建筑和谐统一的外观，本条为《建筑太阳能光伏系统应用技术规程》DB 33/1106 的强制性条文，必须严格执行。

6.1.4 在既有建筑上增设或改造的光伏系统，其重量会增加。安装过程也会对建筑结构和建筑功能有影响。本条为《建筑太阳能光伏系统应用技术规程》DB 33/1106 的强制性条文，必须进行建筑结构安全、建筑电气安全等方面的复核和检验。

6.1.5 一般情况下，建筑的设计寿命是光伏系统寿命的数倍，光伏组件及系统其他部件在构造、型式上应利于在建筑围护结构上安装，便于维护、修理、局部更换。为此建筑设计不仅要考虑地震、风荷载，雪荷载、冰雹等自然影响因素，还应为光伏系统的日常维护，尤其是光伏组件的安装、维护、日常保养、更换提供必要的安全便利条件。

6.2 建 筑

6.2.1 建筑设计应与光伏系统设计同步进行。根据选定的光伏系统类型，确定光伏组件形式及数量，合理安排光伏系统各组成部分在建筑中的位置，并满足所在部位防水、排水等技术要求。建筑设计应为光伏系统各部分的安全检修、光伏构件表面清洗等提供便利条件。

6.2.2 安装在建筑屋顶的光伏组件，不应有任何障碍物遮挡太阳光。光伏组件总面积根据需要电量、建筑上允许的安装面积、当地的气候条件等因素确定。安装位置要满足冬至日全天有 3h 以上日照时数的要求。有时，为争取更多的采光面积，建筑平面往往凹凸不规则，容易造成建筑自身对太阳光的遮挡。除此以外，对于体形为 L 型、凵型的平面，也要注意避免自身的遮挡。

6.2.5 安装光伏组件时，应采取必要的通风降温措施以抑制其表面温度升高。一般情况下，组件与安装面层之间设置 50mm 以上的空隙，组件之间也留有空隙，能有效控制组件背面的温度升高。

6.3 结 构

6.3.2 结构设计时，不但要校核安装部位结构的强度和变形，而且需要计算支架，支撑金属件及各个连接节点的承载能力。

光伏方阵与主体结构的连接和锚固必须牢固可靠，主体结构的承载力必须经过计算或实物试验予以确认，并要留有余地，防止偶然因素产生破坏。主体结构必须具备承受光伏方阵等传递的各种作用的能力。

6.3.4 在新建建筑上安装光伏系统，结构设计时应考虑其传递的荷载效应。

6.3.5 既有建筑结构形式和使用年限各不相同。在既有建筑上增设光伏系统必须进行结构验算，保证结构自身的安全性。

6.3.12 受盐雾影响的安装区域和场所，应选择符合使用环境的材料及部件作为支撑结构，并采取相应的防护措施。

6.4 消 防

6.4.4 对于彩钢瓦屋面的光伏系统，大部分光伏电缆都直接与彩钢瓦屋面接触，尤其在南方沿海地区，湿度高，温度高，工作环境恶劣，为防止光伏系统直流侧电弧发生时产生的危害，要求采用金属套管或金属线槽敷设。

6.4.5 对于设置火灾报警系统的建筑，光伏系统应预留与火灾报警系统通信的接口，以便在发生火灾时强制切断光伏系统。

7 并网系统设计

7.1 一 般 规 定

7.1.5、**7.1.6** 屋顶光伏并网系统可采用10kV、380/220V电压等级进行并网，并网可分单点并网和多点并网。目前，宁波市范围内存在一个项目过多并网点的现象，这样，既不便于供电部门的管理，更不利于安全用电。因此，本条规定，并网时，一台变压器只允许存在一个并网点，且总并网点数量不允许超过4个。

7.1.7 光伏系统并网后，一旦公共电网或光伏系统本身出现异常或处于检修状态时，两系统之间如果没有可靠的隔离，可能带来对电力系统或人身安全的影响或危害。因此，在公共电网与光伏系统之间一定要有专用的联结装置，在电网或系统出现异常时，能够通过醒目的联结装置及时人工切断两者之间的联系。另外，还需要通过醒目的标识提示光伏系统可能危害人身安全。本条为《建筑太阳能光伏系统应用技术规程》DB 33/1106强制性条文，必须严格执行。

7.2 10kV 并 网

7.2.7 本条规定的装设满足《电能质量监测设备通用要求》GB/T 19862 标准要求的A类电能质量在线监测装置，其监测电能质量参数包括：电压、频率、谐波、功率因数等。

此外，为保证光伏电站内计算机监控系统的安全稳定可靠运行，防止站内计算机监控系统因网络黑客攻击而引起电网故障，本条规定必须进行电力系统二次安全防护，二次安全防护实施方案可参考如下：

1）按照“安全分区、网络专用、横向隔离、纵向认证”的基本原则，配置站内二次系统安全防护设备。

2）纵向安全防护：控制区的各应用系统接入电力调度数据网前应加装 IP 认证加密装置，非控制区的各应用系统接入电力调度数据网前应加装IP认证加密装置。

3）横向安全防护：控制区和非控制区的各应用系统之间宜采用 MPLS VPN 技术体制，划分为控制区VPN和非控制区VPN。

若采用电力数据网接入方式，需相应配置2套纵向IP认证加密装置。

若采用无线专网方式，需配置加密。

若站内监控系统与其他系统存在信息交换，应按照上述二次安全防护要求采取安全防护措施。

7.3 380/220V 并 网

7.3.7 本条规定光伏系统并网时，系统在供电负荷与并网逆变器之间和公共电网与负荷之间必须设置具有可视明显断开点的隔离电器，且该隔离电器能够同时切断中性极。

8 光伏系统安装

8.1 一 般 规 定

8.1.1 为规范建筑屋顶光伏系统的施工安装，严禁无设计的盲目施工。建筑屋顶光伏系统安装应进行施工组织设计，制定详细的施工流程与操作方案。并应有安全技术措施，以保证设备、系统和人员安全。施工组织设计、施工方案及安全技术措施应经监理和建设方审批后方可施工。
8.1.3 对于并网光伏系统，光伏系统施工前应首先向当地供电部门提出并网接入方案审核，并网接入方案审核通过后方可进行施工；光伏系统施工完成后，需向当地供电部门提出并网申请许可，经供电部门进行系统并网验收并通过后，方可并网。
8.1.6 光伏系统安装时应采取防触电措施，确保人员安全。本条为《建筑太阳能光伏系统应用技术规程》DB 33/1106 的强制性条文，必须严格执行。

8.2 基 座

8.2.2 不少屋顶光伏系统工程采用预制支架基座，直接放置在建筑屋顶上，易对屋面构造造成损害，应附加防水层和保护层。此外，光伏组件或方阵的支架应固定在基座上，不得直接放置在建筑屋面层上，否则，不仅无法保证支架安装牢固，还会对建筑屋面层造成损害。
8.2.3 对外露的金属预埋件应进行防腐防锈处理，防止预埋件受损而失去强度。
8.2.4 连接件与基座之间的空隙，多为金属构件，为避免此部位锈蚀损坏，安装完毕后应采用细石混凝土填捣密实。

8.3 光 伏 支 架

8.3.4 光伏组件或方阵的抗风主要是通过支架实现的，由于基座形式和现场条件不同，抗风措施也不同，但必须有相应的合理的抗风措施。对于混凝土基础的基座，为了确保支架的抗风性能，可采取如分别在光伏阵列左右两端的两个混凝土基础立柱装设斜拉杆等措施。

8.4 光 伏 组 件

8.4.2 光伏组件应严格按照设计要求可靠地固定在支架上，防止出现脱落和变形的现象，由此影响发电功能。
8.4.7 光伏组件在使用期间会产生温升，光伏组件或方阵与建筑面层之间设置安装空间和散热间隙的目的就是为了抑制温升，因此，该间隙不允许被杂物填塞。

8.5 逆 变 器

8.5.1 逆变器出厂时有安装说明书，安装时须符合产品的安装说明书要求。
8.5.2 逆变器直流侧电缆接线前必须确认汇流箱侧明显断开，本条为《建筑太阳能光伏系统应用技术规程》DB 33/1106 的强制条文，必须执行。

8.6 其他辅助系统设备

8.6.3 光伏汇流箱、逆变器的进、出线位置处出入汇流箱的线缆应穿管或桥架敷设，并做好支撑、固紧、防护等措施。汇流箱内光伏组件串的电缆接引前，必须确认光伏组件侧和逆变器侧均明显断开，本条为《建筑太阳能光伏系统应用技术规程》DB 33/1106 的强制条文，必须执行。

8.6.4　蓄电池上方及四周不得堆放杂物，并防止蓄电池两极短路。储能装置安装时，需注意其周围应保持良好通风，以保证蓄电池散热和正常工作。

9 工 程 验 收

9.1 一 般 规 定

9.1.4 本条规定 380V 及以上电压等级接入的光伏系统必须进行电能质量检测，且出具电能质量评估报告，电能质量合格后供电部门方可同意并网。

9.2 验 收 程 序

9.2.1 本条规定屋顶光伏系统工程的竣工验收，分为两个阶段，先是土建和安装验收，在土建和安装验收合格后，再进行并网验收，这也是供电部门所极力要求的。土建和安装验收是由工程各参与单位的验收，而并网验收是由供电部门的验收。

9.3 土建和安装验收

9.3.2 土建和安装验收时，发现不符合验收要求的项目的，如实做好记录，验收组织人员签字确认，并形成验收意见；待施工单位整改完成后，由施工单位专业负责人签字并加盖单位公章，并经监理签字确认及建设单位同意，方可通过土建和安装验收。

土建和安装验收时，具体验收内容应根据实际工程确定。

9.4 并 网 验 收

9.4.2、**9.4.3** 10kV 自发自用/余电上网模式和 10kV 全额上网模式，两种模式系统保护及计量配置的验收内容，是供电部门并网验收时所严格查验的内容，全部验收合格后方可同意并网。

10 系统管理与维护

10.1 一 般 规 定

10.1.1 目前，屋顶光伏在建成投入运行后，其运行维护的主体比较混乱，有些项目是由厂家或安装单位进行后期运维，有些项目是由专业的运维公司进行运维，有些项目是由没有任何资质的公司进行运维。屋顶光伏运维不到位，用户投入的光伏系统得不到有效的运维，致使光伏发电得不到很好的效益，将严重影响用户对屋顶光伏安装的积极性。因此，必须对屋顶光伏系统运维进行规范。

本条规定光伏系统交付使用后，要求由用户或用户委托的具有相关资质的第三方进行管理，并在光伏系统生命周期内，安排专（兼）职人员定期对系统各部件进行检查、维护。

10.2 系 统 管 理

10.2.2 光伏系统需要通电或断电时，为了防止电力（检修）人员的触电危险，通电或断电操作前应认真阅读操作规程，熟悉通、断电操作步骤，严禁随意进行通断电操作。光伏系统的其他交流配电（箱）柜及汇流箱（柜）内的开关操作也应注意安全操作。

10.2.4 目前，随着屋顶光伏系统应用的推广，光伏系统在使用过程中发生事故后如何进行处理，如何规范化，是个需要面临的问题。本条把光伏系统的事故处理作为系统管理的一个基本工作内容，从而规范屋顶光伏运维企业的运维服务。

10.3 系 统 维 护

10.3.2～10.3.4 光伏系统必须对其全部内容进行定期的检查、维护，并形成连续的书面记录。

10.3.5 在屋顶光伏系统的全生命周期内，对于损毁或正常老化的光伏组件需要考虑回收问题，本条规定宜由原生产厂家或特定的回收机构进行回收。

10.4 事 故 处 理

10.4.1～10.4.3 光伏运行维护单位必须具有公司级的完善的事故处理管理体系，制订公司级的事故应急处理方案；并明确公司级的事故处理的责任人、工作职责及处理流程。此外，光伏运行维护单位对于具体的屋顶光伏系统维护，还要有针对相应项目的事故应急处理方案，及事故处理的责任人、工作职责及处理流程。